全球典型创新机构

案例研究

张 华 等著

东南大学出版社
SOUTHEAST UNIVERSITY PRESS
·南京·

图书在版编目(CIP)数据

全球典型创新机构案例研究 / 张华等著. --南京：
东南大学出版社，2019.11

ISBN 978-7-5641-8688-3

Ⅰ.① 全… Ⅱ.① 张… Ⅲ.①国家创新系统-研究
Ⅳ.①G322.0

中国版本图书馆 CIP 数据核字(2020)第 280557 号

全球典型创新机构案例研究

著　　者	张　华等
出版发行	东南大学出版社
地　　址	南京市四牌楼 2 号（邮编：210096）
出版人	江建中
责任编辑	徐　潇
网　　址	http://www.seupress.com
经　　销	全国各地新华书店
印　　刷	南京新世纪联盟印务有限公司
开　　本	700 mm×1000 mm　1/16
印　　张	12.75
字　　数	310 千字
版　　次	2019 年 11 月第 1 版
印　　次	2019 年 11 月第 1 次印刷
书　　号	ISBN　978-7-5641-8688-3
定　　价	88.00 元

本社图书若有印装质量问题,请直接与营销部联系。电话(传真):025-83791830。

前 言
PREFACE

当前,我国已经进入科技体制改革的"深水区"、科学技术创新的"无人区"。立足新时代,如何建立一批使命明确、运作高效、竞争力强的创新机构,已然成为摆在各级政府面前的难题。作为长期工作在科技战略、科技政策研究一线的软科学研究人员,我们深刻感受到这一问题的困扰。

关于创新机构的建设,我们应选择何种路径? 长期以来,与科学技术发展路径相一致,我国在科研及其促进机构的建设上一直在走模仿的路子。过去的科技体制改革,我们摆脱了苏联模式,学习了美国模式,但是现有的科研及其促进机构仍然体制不活、激励缺位、竞争力不强,与国际一流创新机构存在一定差距。由于社会制度不同、社会文化不同、经济社会发展阶段不同,我国很难照搬已有模式。从实践来看,我国必须走出一条具有中国特色的创新机构建设之路,才能服务我国建设世界科技强国的目标。

关于全球的创新机构,我们又深入了解多少? 翻开学者的文献,众人对科研机构的评价做了深度研究,也对发达国家和地区的一些机构做了细致分析。在我们的创新治理实践中,官员抑或是学者,言必弗劳恩霍夫应用研究促进协会、美国国家科学基金会、美国国防高级研究计划局等机构。殊不知,顶着光环的机构很难复制,就像全球只有一个硅谷。视野之外,还有一些特色鲜明的创新机构,同样值得我们学习和借鉴。

他山之石,可以攻玉。我们选取了一系列具有代表性的机构进行案例研究,以期给读者展示一个多样化的机构群。一是现有研究中鲜有涉及的政府创新管理机构。我们选取了奥地利、巴西、智利、芬兰、以色列、瑞典等国的创新管理机构,希望这些机构能够带来一些不同的视角。二是现有研究关注较多的官办研究机构。我们选取了创新英国、美国国防高级研究计划局、日本产业技术综合研究所,以时效性和深度性分析这些机构的运作模式。三是有别于传统的新型创新促进机构。我们选取了美国制造业创新网络、美国华盛顿州创新伙伴区、英国弹射中心以及韩国创造经济革新中心,努力揭示这些机构设立以及运行背后的趋势。

本书在成稿过程中,由张华负责选题策划、研究框架安排等工作,应媚完成统稿、审稿工作。具体各章节的撰写由江苏省科学技术发展战略研究院软科学中心的人员承担。其中,综述、第七章由应媚执笔,第一章、第三章、第六章由李晓勤、王晓梅执笔,第二章、第十二章由王利军、梅伟执笔,第四章、第五章由康争光、沈强执笔,第八章、第十章由夏凯丽、蒋岚执笔,第九章由穆振娟执笔,第十一章由张华等执笔,第十三章由李子莹、王利军执笔,宋海莹、郑江杰也参与了本书的资料收集整理工作。

我们希望能够以此书作为一个棱镜,透射出创新机构所应有的特质,为广大决策者和研究人员提供参考。

本书能够顺利出版,得益于诸多方面的关心和帮助。衷心感谢江苏省科技厅政策法规处、科研机构处的大力支持,感谢江苏省科学技术情报研究所李敏所长、江苏省科学技术发展战略研究院孙斌院长的悉心指导。本书在成稿过程中拜读了大量论文、著作及相关研究成果,对相关学者及研究人员在此一并致以深深的谢意。

由于时间仓促,本书所涉及的内容有待进一步深入,存在的疏漏和不足之处,敬请读者批评指正。

目　录
Contents

综述

各国政府认为,创新对于未来经济的繁荣和可持续发展具有至关重要的作用。但是,各国在争先恐后研究创新手段的同时,却很少关注创新机构的运作模式。英国知名智库NESTA(英国国家科技艺术基金会)发布的报告提出了值得借鉴的观点。

一、如何建设创新机构

(一)成功的创新机构无固定范式

成功的创新模式具有多样性特征,不同的国家背景决定了当地创新机构具有不同的发展模式,因此并不存在"一体适用"或者通用型的创新范例。创新政策应依据特定的国情和具体的社会环境来制定,简单机械地照搬别国的创新模式,很有可能会付出巨大代价甚至导致创新失败。一般而言,成功的创新机构须具备表1中所列举的六大特征。

表1　成功创新机构的特征

充足的经费保障	高竞争力人才资源	高质量知识资产
保证有足够的资金用于投资产生新知识、提升技术运用能力和创新水平的基础设施	能够满足探索新知识、发现和共享已有知识的人才资源	作为创新系统的中间产出,提供了衡量创新机构质量和潜力的指标,如其所属研究基地的质量
有效的激励机制	环境影响力	可测度的创新产出
良好的制度框架决定了各类创新主体能够高效率协作,产生可观的创新产出	在经济社会与科学创新系统互动的背景下,在全球产业体系中地方产业的地位逐步上升	能够有可测度的创新产出,如特定的经济效益、社会效益等

(二)创新机构的四个不同定位

成功的创新模式为我们开展创新提供指引。创新机构的定位呈现多样化特征,一般来说,创新机构的职责主要体现在以下几点:

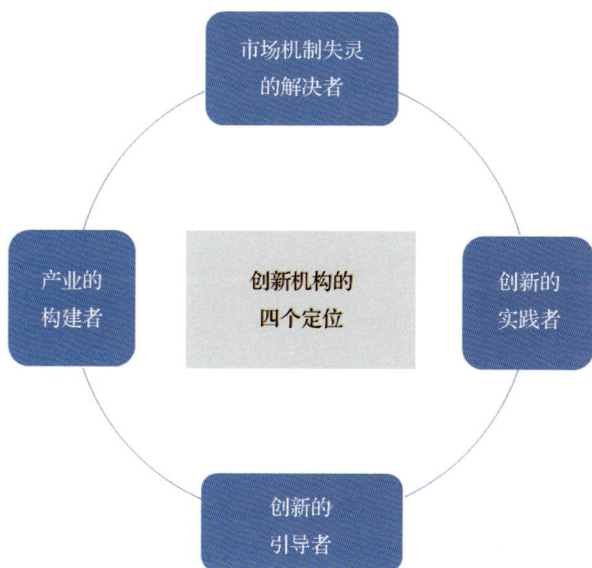

图1　创新机构的定位

一是解决市场机制失灵问题。创新机构可以规避研发投资和商业创新中出现的失误。

二是培育产业。创新机构是产业经济的缔造者,通过对产业技术发展进行投资来增强经济活力和竞争力,从而实现经济转型。

三是推动创新部署。创新机构作为政策驱动者,应当适时地指出在能源、环境、健康等传统领域中社会经济发展所面临的巨大挑战,为政府创新政策的部署和研发支出的分配提供可靠依据。

四是构建创新系统。创新机构应勇于通过积极实践不同的创新政策和创新项目来寻找适合当地发展的创新模式,最终确保国家或地区拥有持续的全球竞争力和创造力。

（三）创新机构应该对新需求和新机遇高度敏感

创新机构应具有长远战略视角,拥有全局观,时刻关注社会动态,积极应对新需求和新机遇,而不单单是追求多重发展目标,否则会无法清晰地把握发展战略,甚至出现混淆重点、阻碍创新政策实施的恶果。

（四）创新机构的绩效评估应从质量和数量两方面着手

由于创新机构的运作系统和政策实施结果存在极大的不确定性和复杂性,因此要对创新机构的绩效和运作方式所带来的积极影响进行评估稍显困难。鉴于此,对创新机构的绩效评估一方面应该从数量上把握投资组合创新政策,另一方面也不可忽视对创新管理的质量判断,如对创新策略风险的把控、从失败中汲取经验的能力、设计和实施方案的能力等。

（五）政府应对创新机构保持宽容的心态

研究表明,创新机构可以产生重大影响,尤其在培育新产业、填补资金缺口等方面可以解决国家面临的科研成果难以商业化的问题。然而,决策者必须注意的是,创新机构仅是政府推动的创新政策实施者中的一部分,不可避免地会受到政府的导向影响。因此,充分理解创新机构的政治立场,在可调动的资源范围内帮助创新机构实现实际且积极的目标,是政府帮助创新机构发挥其潜能的重要举措。

二、多元化政策工具

国际经验表明,政府机构实施创新驱动战略、发展创新型经济,需要通过创新机构实施一批导向鲜明的政策工具(见表2)。其中,在创新投入方面,主要有研发税收优惠、研发补贴和对公共风险投资支持等优惠政策;在对技能发展和知识获取能力的支持方面,主要有支持知识产权创造、技术支持服务、技术转移、高技能移民和人才流动计划;在强化创新主体联系方面,政府大多通过政策集群、互联网和中介等手段进行支持;在挖掘创新需求方面,政府利用公共部门采购、商业化前期研发采购和制定行业标准来满足;政府比较注重创造优良的商业环境来改善创新环境;在提高技术储备方面,政府需要具有前瞻性视角来构建技术路线图进行技术预见。

表2　创新机构的政策工具

政策目标	政策工具
增加创新投入	研发税收优惠、研发补贴、公共风险投资支持
支持技能发展和知识获取能力	支持知识产权创造、技术支持服务、技术转移、高技能移民和人才流动计划

续表2

政策目标	政策工具
强化创新主体联系	政策集群、互联网支持、研发合作、中介支持
挖掘创新需求	公共部门采购、商业化前期研发采购、制定行业标准
改善创新环境	创造良好的商业环境
提高技术储备	技术预见、构建技术路线图

三、代表性创新机构

在考虑了不同的地理环境、不同的经济社会发展程度和不同的创新路径等因素后,英国智库NESTA选取了全球具有代表性的十大创新机构。其中有的来自发达国家,有的来自新兴经济体,具体情况见表3。

表3　十大代表性创新机构概况

序号	创新机构	成立时间/年	开始直接支持公司/年代	员工数/名	年预算/亿美元	对企业资助经费占总预算比例/%
1	奥地利科技研究促进署	2004	21世纪初	275	660	56
2	巴西创新融资署	1967	21世纪初	740	21	37
3	智利经济发展局	1939	20世纪80年代初	685	345	26
4	芬兰国家技术创新局	1983	20世纪80年代初	400	660	64
5	以色列首席科学家办公室	1968	20世纪70年代初	100	450	95
6	瑞典国家创新局	2001	21世纪初	205	355	30
7	瑞士科技创新署	1943	21世纪初	35	165	17
8	中国台湾工业技术研究院	1973	—	5650	625	
9	创新英国（英国技术战略委员会）	2007	21世纪初	300	870	
10	美国国防高级研究计划局	1958	20世纪60年代初	220	29	—

从这十大代表性创新机构的主要支持手段来看,各类创新机构坚持"有所为、有所不为"的原则,没有一家机构运用了所有的政策工具(见表4)。总体来看,支

持方式涉及经费支持咨询、服务支持、中介机构支持、制度环境建设和开展内部研发项目等方面。

表4 九大代表性创新机构的主要政策工具

创新机构	直接经费支持			咨询服务支持	中介机构支持	制度环境建设	开展内部研发项目
	补贴	贷款	其他				
奥地利科技研究促进署	√	√	√	√	√	√	
巴西创新融资署	√	√	√		√	√	
智利经济发展局	√	√	√	√		√	
芬兰国家技术创新局	√	√	√	√	√	√	
以色列首席科学家办公室	√	√		√	√	√	
瑞典国家创新局	√			√	√	√	
瑞士科技创新署	√			√	√	√	
创新英国(英国技术战略委员会)	√			√		√	
美国国防高级研究计划局	√		√	√		√	√

这十大代表性创新机构的支持手段具有如下特点：

一是创新经费支持多样化。奥地利科技研究促进署、巴西创新融资署、智利经济发展局和芬兰国家技术创新局4个机构均提供了补贴、贷款等一系列经费支持方式；以色列首席科学家办公室提供了补贴、贷款两种支持方式；瑞典国家创新局、瑞士科技创新署、创新英国、美国国防高级研究计划局则均提供了补贴。其中，美国国防高级研究计划局还提供了技术竞赛奖金等支持方式。

二是注重提供高质量咨询服务。除巴西创新融资署外，其他代表性机构都提供了涉及创新咨询、创新主体配对等高端服务。

三是支持创新中介机构。除创新英国、美国国防高级研究计划局外，其他机构均提供了专项经费支持商业孵化器和加速器等创新中介机构。

四是重视创新制度环境。十家代表性机构均设立了专门的项目推动各类创新主体协同创新，并大力支持知识、技术转移活动。

五是开展内部研发项目。这些机构中，美国国防高级研究计划局开展了内部研发项目，其他机构更加注重创新管理和服务职能。

第一章
奥地利科技研究促进署

奥地利科技研究促进署(Research Promotion Agency,简称FFG)是一所为产业研发提供资助的国有机构,隶属于奥地利联邦交通、创新和技术部、奥地利联邦数字化和经济部(Federal Ministry for Digital and Economic Affairs,简称BMWFW)两大机构联合成立。作为奥地利创新体系的一部分,该机构对于奥地利发展为研究创新中心起到了关键作用。它一直致力于促进奥地利经济发展,使奥地利在商业、科学等方面保持国际竞争力。该机构还为奥地利的企业、公共和私营研发组织提供多样化的支持项目。每年,FFG资助的机构超过5500家,开展3200多项研究。同时,FFG也会为其他的国际机构提供资助服务。

作为一家较为成功的创新机构,其特色主要体现在:

联系地方和联邦——在FFG建立之前,奥地利的创新资助体系过于分散,缺乏系统的创新体系。FFG为企业提供一站式创新服务,提供不同的创新项目组合,其首要目的在于增强地方和国家在创新政策实施和创新基金管理方面的联系,帮助奥地利联邦政府协调创新活动。

积极参与国际创新——从协调欧盟创新举措到开发创新基金,FFG参与了越来越多的国际活动,积极促成、增加奥地利与非欧盟国家的研发合作。

创新设计和创新交付的双重定位——FFG的组织架构主要分为两部分。一些部门从事的项目相对自主,项目资金由BMVIT提供部分赞助。其余部门从事的项目主要代表奥地利部委的意见,这些部门是政府创新活动的实施者,而非决策者。

一、发展历史

依据《关于设立研究促进机构的FFG法》(奥地利联邦法律公报,编号73/2004),FFG成立于2004年9月1日,定位为国家级产业研发支持机构。它是由奥地利工业研究基金会、奥地利技术促进机构、奥地利国际科技合作局和奥地利航天局等4个机构合并而来的。机构整合的目的是更加专注于支持应用研究和创新,并承担国际和欧盟研究计划的政府咨询机构角色。

通过定期(每三年一次)的战略评估,FFG已经从基金支持机构转变为全方位的创新促进机构。目前,其业务范围更多地涉及咨询服务,针对特定创新领域开发出一系列专题和结构性计划。它还试图在奥地利创新系统中发挥更多的连接作用,在州政府间建立联系。图1-1为奥地利科技研究促进署发展过程。FFG的预算自其成立以来一直在增长,从2004年的3.16亿欧元增加到2019年的5.92亿欧元。

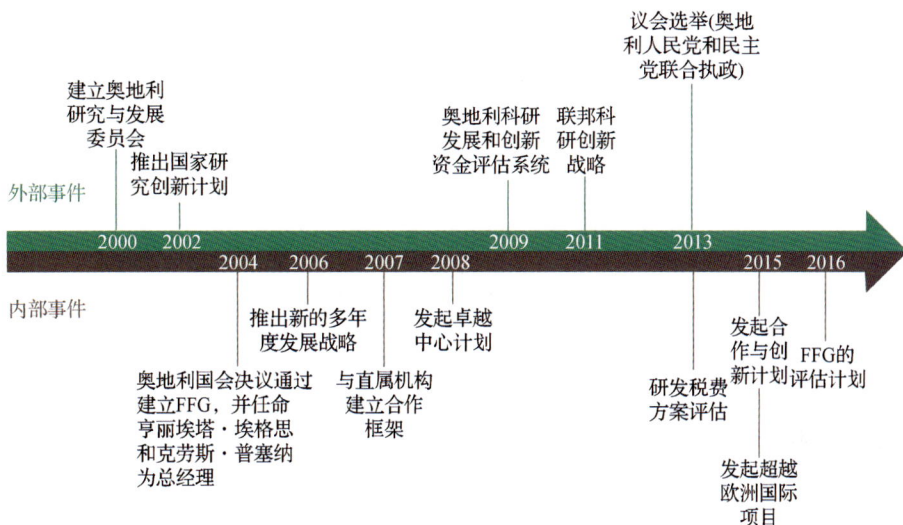

图1-1　奥地利科技研究促进署发展历程

二、组织管理体系

(一)与政府的关系

FFG由BMVIT和BMWFW共同所有,发展模式采用私人有限公司形式,以激励创新机构发展更专业的管理结构。该机构的管理部门对预算和战略自主决策,上级单位BMVIT对其进行财政拨款。该机构有两个主要的组织核心:其一负责相对自主的资金和支持计划,其二代表不同部门或系统中的组织履行项目方案。

监测奥地利创新动态。FFG通过收集、分析奥地利各组织(公司、研究机构)参与欧盟研究和创新计划的数据,向公众公示奥地利各组织在相关欧盟计划中取得的进展。另外,FFG根据最新统计数据为奥地利部委、中介机构、经理人、股东等不同主体提供支持。通过这些数据分析,能够持续监测奥地利在欧盟研究计划中的表现,监测奥地利在相关领域的国际地位,比较奥地利各州状况;通过项目主题、组织、部门等因素分析创新优势和劣势,为有关对象提供战略支撑。

代表奥地利联邦政府掌握研究、技术和创新(Research Technology and Innovation,简称RTI)情况。该任务具体由联邦教育、科学和研究部(Federal Ministry of Education, Science and Research,简称BMBWF),联邦交通、创新和技术部(Federal Ministry of Transport, Innovation and Technology,简称BMVIT),联邦数字化和经济区位部(Federal Ministry for Digital and Economic Affairs,简称BMDW)以及联邦可持续发展和旅游部(Federal Ministry for Sustainability and Tourism,简称BMNT)联合执行。

(二)侧重于服务地方的制度设计

FFG的主要任务是管理项目、促进合作,以提升奥地利的国际竞争力。正因为如此,该机构最重要的职能是协调政府内部关系。在过去,奥地利各州均有不同的创新战略,并且各自为政,制约了国家整体的创新效率。为避免此问题,FFG所实施的项目涉及各级政府层面,包括联邦和州政府联合资助等直接合作项目。在过去的两年中,该机构更加注重服务地方的导向,并陆续启动了直接由州政府执行的区域性项目。

(三)组织结构

FFG自2004年成立以来,机构规模几乎翻了一番。其运营结构与项目运作紧密结合,机构内部资源主要聚焦于总体项目、结构项目、主题项目以及欧洲和国际项目等4大类,每个项目组约有40—55名员工。机构内部也拥有小型的战略智库团体,负责制定创新政策和建立管理与计划间的联系。创新项目涉及生命科学、信息科技、材料生产、能源环境、交通流动等领域。

图1-2为FFG组织架构,FFG的业务部门分为总体项目部、结构项目部、主题项目部、欧洲和国际项目部、航空航天部、项目审计部。人事管理方面,主要分为数据分析和战略决策部、质量管理和内部审计部、研发津贴发放部。核心服务机构方面,包括法律部、财务部、人力资源部和设施管理部、信息科技部、公共关系部。

其中一些部门的介绍如下:

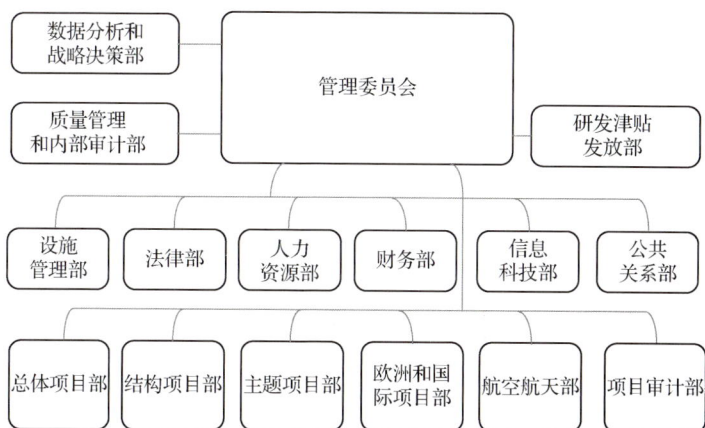

图1-2　奥地利科技研究促进署组织架构

1. 总体项目部

随着对研发项目的广泛资助,总体项目部提高了奥地利公司的竞争力。FFG针对不同的项目阶段和项目规模提供不同类型的资助,包括项目启动阶段的创意、研发阶段到市场投放阶段的可行性研究等。总体项目部还为初创企业、领先企业和研究总部的研发项目提供资金。中小企业一揽子计划为中小企业提供了一条结构化的研发活动路径。

2. 结构项目部

该部门致力于优化研究创新的结构和基础设施,使公司、研究转移组织确定新的合作方法,产生新知识,建立新的优势领域。从长期看,该部门使得奥地利的创新体系得到加强,科学和商业能力得到提高。

该部门旨在为创新体系中所有参与者开展合作创造条件,使其能克服结构瓶颈和弱点,不断调整经验证的结构,以应对新的挑战。该部门还发展了新形式的伙伴关系(尤其是在科学机构和企业之间),使其能产生新的知识,建立新的专业领域。上述举措都有助于持续加强奥地利的创新体系。

3. 主题项目部

主题项目部的主要任务是确定关键研究领域,以确保该领域在未来重要的战略研究领域中得到国际关键群体的认可。

该部门通过行动方案促进奥地利公司在选定领域开展研发活动以实现上述目

标。其一系列的政策组合加强了科学与商业间的长期合作,促成了研究领域和实现国际知名度间的协同。同时,作为实现特定领域战略发展的合作伙伴,该部门也负责促成资助机构和奥地利州政府间的合作。

4. 欧洲和国际项目部

该部门的主要任务是加强奥地利在欧洲及国际研究技术中合作(尤其是在欧洲框架计划内)的参与度、主动性、行动力。服务范围包含特定项目支持、欧洲研究和创新环境中有战略定位的针对性援助和提供欧洲RTI项目的背景信息、前瞻性信息等。

据悉,FFG定期向奥地利超过3万名的研究人员、公司和研究机构提供欧洲项目计划信息。该机构专家们平均每年会举行大约6500次关于欧洲RTI项目的会议。

欧盟地平线(Horizon)2020研究与创新计划于2014年在奥地利发起,迄今为止,这项计划非常成功。截至2018年6月,奥地利机构共从该计划中获得了9.25亿欧元的资金资助。除此之外,欧洲和国际项目部还为欧洲科技发展计划、欧洲之星、企业与中小企业竞争力计划、企业欧洲网络等活动提供服务支撑。

5. 航空航天部

该部门是奥地利商业科学与国际航空航天的对接站,也是奥地利在欧洲航天局的代表,致力于执行国家航空航天政策,并代表奥地利参加国际航空航天委员会。

该部门旨在提高奥地利工业、商业和科学在关键技术方面的国际地位,并不断扩大奥地利航空航天集群。FFG支持奥地利研究人员参与到国际和双边航空航天伙伴关系中,并鼓励相关对象建立和扩大航空航天国际网络。

6. 项目审计部

该部门负责全面监控潜在风险,采用更有利于机构的透明管理方式。它通过有针对性的审查、标准化的检查方式和合作反馈来支持所有管理层。

该部门的主要任务是对已完成的研究项目进行全方位透明、客观的审查,包括监测协议情况、指导方针和规则的遵守情况;该机构同时为资金接受方节约成本,并检查每个获得资助的项目是否合理使用资金。

7. 战略部

该部门负责确定FFG在国家和国际创新体系中的基本战略定位。它是管理层和各部门之间的"桥梁",任务是挖掘公司战略潜力,协调实施公司战略方针。它是一个智库和分析中心,为各部门提供服务,使得FFG与相关联邦部门以及其他政策决策机构保持紧密联系,持续发掘可以提供资助的项目。

8. 质量管理和内部审计部

该部门旨在确保客户友好、高效的管理流程以及公共资金的合理使用。其主要工具是实施一致的过程管理、持续改进过程和定期进行内部审计。它在FFG进一步发展方面发挥了积极作用,为管理层提供有针对性的建议,并协助机构质量的全面改进,同时与FFG公共客户保持密切沟通以达到更好监管的目的。

9. 研发津贴发放部

该部门负责FFG研发津贴活动的管理和战略方向,协调内部审核程序,管理相关审核活动,执行监管和报告职责。它是奥地利联邦财政部(Austrian Federal Ministry of Finance,简称BMF)和税务机关的枢纽,负责外部公关,工作范围包括客户咨询和热线支持、投诉管理、股东关系管理等。

(四)专业技能

FFG雇佣的员工背景来源范围广泛,包括各领域的技术专家以及掌握经济、金融等专业技能的人才。它注重招引具有产业工作经验的人员,只有欧洲和国际项目的雇员中大部分拥有纯学术背景。除此之外,它并无具有主导权的行政人员,仅有部分行政文员。

管理委员会成员较为稳定,且有丰富的企业任职经历。自FFG于2004年成立以来,亨丽埃塔·埃格思和克劳斯·普塞纳一直担任总经理职位。亨丽埃塔·埃格思毕业于奥地利林茨大学商科专业,随后在布鲁塞尔工作,回到维也纳后,他任职于奥地利工业联合会,2000年进入经济和劳工部,负责商业推广和研发。克劳斯·普塞纳毕业于维也纳大学,获得生物学(生态学)博士学位,在维也纳自然资源与应用生命科学大学担任两年学生助理后,任职于多尼尔机械有限公司,随后,又在奥地利航空与系统工程有限公司担任项目经理。1989年,他在欧洲航天局担任战略技术主任。1998年,他被任命为奥地利航天局局长。

表1-1 奥地利科技研究促进署监事会成员概况

职务	姓名	任职背景
主席	格特鲁德·坦佩尔·古格里尔	欧洲中央银行执行委员会前成员
副主席	约翰·马里哈特	Agrana股份公司(食品行业)
成员	汉尼斯·巴达赤赤	Frequentis股份公司[开发和销售"控制中心解决方案",该系统用于空中交通管理(民用和军用航空安全保障、航空信息管理、防空)和公共安全与运输(警务、消防、救援服务、海事、铁路)业务领域。]
成员	昆特·格拉伯	Grapher集团(服装行业)
成员	贡特·鲁比希	Rübig股份有限公司
成员	克里斯塔·施拉格	维也纳劳工协会
成员	阿格尼斯·斯特里斯勒	奥地利工业联合会
成员	昆特·图姆瑟	奥地利品牌协会
成员	安德列亚斯·韦伯	联邦交通、创新和技术部(BMVIT)
人事委员会成员	彼得·鲍姆豪尔	FFG
人事委员会成员	玛丽亚·伯格梅斯特·玛尔	
人事委员会成员	马库斯·汉华纳	
人事委员会成员	亚历山大·科斯	
人事委员会成员	科琳娜·威尔肯	
顾问	汉尼斯·安德罗斯	奥地利研究和技术发展委员会、实业家
顾问	马库斯·亨格施拉格	奥地利研究和技术发展委员会
顾问	汉斯·桑克	奥地利科学基金会

　　除此之外,FFG分别设立了总体项目咨询委员会、航空航天咨询委员会和数字化机构咨询委员会。

　　根据《关于设立研究促进机构的FFG法》,总体项目咨询委员会与监事会达成协议而成立,成员由奥地利联邦经济商会、工会、工业联合会和农业商会根据委员会的议事规则提名,并具备经济学、管理学、特定领域专业技术等背景。该委员会主要向总体项目、桥梁项目、总部和高科技初创企业提交的项目提供支持,还负责发布指导方针、管理总方案、编制年度及长远工作方案、开发政策工具、确定关键资助领域等。

航空航天咨询委员会是确定框架计划、提出建议的主要推动力,是向FFG管理层和航空航天局局长提供航天发展战略方向咨询建议的平台。航空航天咨询委员会还成立了工作组为奥地利参与欧洲航天局项目提供可行性建议。同时,它还举办论坛讨论FFG为奥地利航天研究、国家起飞计划、奥地利参与欧盟第七框架计划等做的贡献。

数字化机构咨询委员会主要是支持数字化领域的战略定位和规划。

三、项目介绍

对于每个新项目,FFG需要制定项目目标,并设立评估方案来监测项目实施情况。这些评估没有交叉组织模式,但根据计划的持续时间,项目评估通常分为临时性、事后性和最终性评估。项目评估主要起到对项目进行优化的作用,而不是作为重置预算和决定项目规模扩大和缩减的政策工具。目前,FFG正在进行内部投资组合审查,以检验创新项目和政策工具是否能应对奥地利当下面临的社会挑战。

表1-2 总体项目部资助工具介绍

资助工具	目标群体	工具介绍	资助内容
创新代金券	中小企业、高校、应用型大学、能力中心、研究机构、初创企业	旨在帮助奥地利中小企业开展持续的研究和创新活动,鼓励中小企业与研究机构合作。企业能够获得研究机构提供的最高价值达1万欧元的创新服务。该券旨在促成中小微企业与研究机构的合作	创意研究(如概念开发、专题和技术开放性研究以及非技术初步研究或附带研究的研究、技术问题解决准备),研究、开发和创新项目的准备工作,原型开发期间的支持、技术分析技术转让潜力,公司创新潜力分析(流程、产品、技术),技术创新管理概念(尤其是与公司创新潜力分析相关的概念)

续表1-2

资助工具	目标群体	工具介绍	资助内容
专利代金券	中小企业、初创企业	FFG承担企业专利事项80%的成本,最高不超过1.25万欧元。 分为两个阶段—— 1. 国家专利局对知识产权的强制、交互式检索; 2. 国家和PCT《专利合作条约》国际专利申请的可选、准备和执行以及附带的专利监测	支持中小微企业及初创企业检查其创新理念的专利性,同时加快专利申请的准备和提交
可行性研究	中小企业(雇员少于250人)、初创企业	★非偿还性补贴,可资助60%外部研究成本(最高8万欧元,资助不超过4.8万欧元)和20%的实物成本。 ★快速审批流程——可随时申请或提交。 ★项目融资期限:3—12个月	支持中小企业进行概念验证,后由研究机构、资质机构、合作公司实施。 投资计划包括:创意研究(如概念开发、专题和技术开放性研究、技术问题解决的准备)、研究准备工作、项目发展和创新、原型的开发支持、技术转移潜力分析、公司创新潜力分析、技术创新管理概念
初创项目	中小企业(雇员少于250人)、初创企业	★非偿还性补贴,项目总成本高达1万欧元,外部服务不得超过成本的一半。资助资金为项目总成本的60%,最高为6000欧元。 ★快速审批流程——可随时申请或提交。 ★项目融资期限:最长6个月	用于支持具体研究项目的筹备工作,内部准备成本和外部费用、专家、特定项目。 投资计划包括:定义项目目标,评估新发明的数量限制和研发计划的效益方面文献、专利研究现状;市场竞争分析,项目伙伴筛选,项目组织准备;评估技术风险,安排工作计划
总体项目	初创企业、中小企业、大公司、专业中心、个人研究者、财团	★基于自下而上的原则。 ★向所有工业和研究领域的分支机构开放,有资格参与各种规模的公司和项目。旨在通过资助开发新产品、新工艺和新服务,加强奥地利公司的竞争力。 ★资助项目成本的50%(初创企业达70%);政策包括补助、低息贷款、贷款担保和利息补贴。 ★项目融资期限:最长12个月	包括在FFG接受申请后直接产生的所有费用,为人员成本、研究基础设施投资和其他成本(第三方服务、材料成本、差旅成本、专利申请成本)提供资金

续表1-2

资助工具	目标群体	工具介绍	资助内容
市场启动	初创企业、小型公司（雇员少于50人）	★仅针对小公司的次级融资；支持小公司进入市场，推动研发后推出产品创新、服务创新和流程开发。 ★通过低息贷款融资进行市场过渡，每笔最高100万欧元。 ★项目融资期限：最长36个月	投资计划包括：实现公司战略中的与营销和销售相关的所有费用
桥梁项目	研究机构与初创企业、中小型公司、大型公司或专业技术中心共同定义为一个联合体（1个来自科学，1个来自产业）	★非偿还性补贴，小型公司的资金补贴水平高达80%，中型公司达70%，大型公司达60%（桥梁1）。 ★内外部评审：12月至3月、6月至9月初。 ★项目融资期限：12—36个月	旨在缩小基础研究和应用研究之间的"资金缺口"。以基础研究为主要特征，呈伞形结构。近期的"桥梁1"计划向所有技术领域开放
中小企业一揽子计划	中小企业	创新凭证、项目启动（融资申请准备）、专利、支票（知识产权）可行性研究、总体规划、市场启动资金、低息贷款、临床试验	为创新型公司提供指导方针

四、创新支持举措

　　FFG在奥地利成为研究和创新中心方面扮演了至关重要的角色。每年，它为3000多个创新项目提供超过4亿欧元的联邦资金（其中涉及约5500个合作伙伴）。此外，该机构还为研究和创新提供税收优惠方面的专业知识（"研发津贴"），并协调奥地利在空间研究和技术方面的活动。在基础设施方面，其实施了"宽带十亿"计划以扩大奥地利宽带用户量。

FFG目前提供30种不同的创新支持计划,分为五大类:总体项目、结构项目、主题项目、欧洲和国际项目、航空航天项目。支持的领域涵盖面很广,包括生命科学,信息技术,能源和环境,空间、安全、安保及人力资源等。支持的范围涵盖了技术就绪水平(Technology-Readiness Level,简称TRL)的大部分,从发现导向的项目(TRL水平1−2)到接近商业化的项目(TRL水平7−8)。大约30%的资金通过主题项目优先申请,50%的资金自下而上公开申请,20%的资金给予结构项目。

奥地利科技研究促进署支持的受益者包括奥地利公司、非营利组织、研究机构、高校和个人研究者,其中想要获得FFG资助的机构需要承诺提供配套资金。FFG所支持经费中的70%主要面向企业(占受资助主体的75%)。值得注意的是,FFG特别重视中小企业,在其面向企业的资助经费中,有80%投向了中小企业。

表1-3　奥地利科技研究促进署主要任务

序号	六大任务
1	管理资助商业和科学的研究项目,推动经济和研究设施计划,建立科学和产业合作网络
2	管理与欧盟及其他欧洲和国际伙伴的合作方案、项目
3	在欧洲和国际机构中代表奥地利政府的利益
4	提供加强奥地利参与欧洲项目的咨询和支持,特别是在欧盟研究、技术创新和竞争创新框架计划中
5	为奥地利创新体系的决策者提供支持和战略发展服务
6	提高公众对研发重要性的认识

表1-4　奥地利科技研究促进署主要创新项目

序号	支持手段	创新项目
1	财政支持	★总体项目:对初创企业、前瞻性企业以及研究总部,在从创意、可行性研究、项目启动到行业合作和市场引入的各个阶段,提供所需资金(通过捐赠、贷款和担保),以支持奥地利公司的研发创业活动。 ★创新优惠项目:奥地利中小企业在知识研发或研发支持方面获得高达5000欧元或1万欧元的补贴

续表1-4

序号	支持手段	创新项目
2	非财政支持	★研发溢价:12%的研发税收溢价。 ★FFG学院:开设培训课程提高奥地利企业在欧洲资助项目中的参与程度。FFG还是尤里卡(Eureka)、欧洲病理基因研究网络(ERA-NET)和欧洲企业网络等计划在奥地利的联络点
3	中介支持	★A+B项目:对为科技成果转移提供专业支持的机构进行资助。 ★合作与创新计划(COIN):2011年推出,资助20个企业创新联盟,资助金额为730万欧元,有90家企业和30家校外研究机构参与该计划,旨在鼓励技术转移
4	载体建设	★卓越技术能力中心计划:21个研究中心共同提升在科学合作领域的研究能力。 ★超越欧洲计划:2015年发起,主要与非欧盟国家合作,投资金额达500万欧元

五、实施效果

2014年,奥地利的研发支出在欧盟28个国家中排名第四,占本国GDP的2.99%。2002年到2004年,奥地利持续进行研究和创新的企业数量由2000家左右增长到3300多家,研究人员数量从大约39000人增加到61000人以上(以全职人员衡量)。2019年,超过400家奥地利企业在全球市场份额或先进技术领域内承担着领导者的角色。

奥地利中小企业及研究所都需要对FFG的资金运作所发挥的作用进行年度报告。在项目实施4年后,奥地利中小企业研究所通过对早期项目的受益人进行问卷调查(包括周转、就业、合作关系、科研活动),对问卷分析整理,监测FFG机构项目实施效果。自1968年以来,FFG的"总体项目"已经资助了27000项研究课题。无论是内部评估还是外部评估,结果均显示"总体项目"的实施对于奥地利企业的发展和创新系统的完善发挥了重要作用:

创造就业。据FFG估计,机构每在科研方面多投资1欧元,企业营业额就会多增长12欧元,在2004—2013年10年间,FFG的研发活动创造了超过10000个工作机会。

资助个人。FFG的欧洲和国际项目已经为30000多名个人提供了信息服务和物资支持(其中40%来自企业,29%来自大学,11%来自非大学研究单位,20%来自其他类型的组织)。

获得国际资助。FFG是欧盟地平线2020计划的国家级枢纽,通过欧盟地平线2020计划,每年向奥地利各研究组织提供1.5亿~2亿欧元的资金资助。欧盟第七框架计划中,奥地利公司在约2000个项目中共获得研究资金约8亿欧元。

六、在创新体系中的影响

研究、教育和创新是推动经济增长、提高国家竞争力、实现经济繁荣最重要的三个因素。在一个商业高度发达的国家、地区,良好的教育、高效的基础设施、一流的公共资助和商业服务均能够带动研发的增长。

奥地利国家及国际组织对FFG的评估显示,如果没有FFG的资助,大约80%的项目根本无法施行或仅能完成很小部分。平均而言,每1欧元的资助产生了10倍的额外经济收益。尤其是对初创企业的资助,产生的经济效益高于平均水平。

尽管FFG机构任重而道远,在完善组织架构、提高对整个创新系统的关注程度等方面仍有待发展,但是FFG在对奥地利商业支持方面的作用不容忽视。过去几年中,FFG致力于使创新程序专业化、规范化,为寻求应用研究项目的企业和研究人员提供一站式服务。如,FFG已经改进电子呈交系统,优化了获取项目支持的申请方式,促进了奥地利国家与州政府间在创新和应用研究领域的有效沟通和协调。

作为奥地利政府在科技创新政策方面的非正式顾问,FFG对奥地利经济产生的影响日益扩大。FFG通过欧盟项目绩效监测门户网站来提供数据信息服务,参与了2011年推出的联邦研究技术和创新战略发展项目,还参与了诸如开放式创新、开放性数据和知识产权等战略项目。

第二章
巴西创新融资署

从20世纪90年代初到2000年,随着科技日益成为国家发展的动力,巴西政府逐渐开始重视科技政策,特别是科技政策与产业政策的融合。为了尽快摆脱经济持续低迷带来的不利影响,同时也为了应对国际竞争带来的新挑战,巴西政府采取了如下措施:努力改善本国的科技创新环境,不断提高本国的科技竞争能力,进一步加强科技战略部署,大力推动科技创新,加大科技经费投入。2011年,巴西政府将其"科学技术部"更名为"科学技术与创新部"(Ministério da Ciência, Tecnologia e Inovação ,简称MCTI)。这一举措进一步突显了创新在巴西国家战略中的重要意义。

巴西创新融资署(Financiar a Inovação e a Pesquisa,简称FINEP)是巴西的国家创新机构,由政府管辖,该机构隶属于巴西科学技术与创新部。在有关科技创新的政府管理体系中,巴西创新融资署是最为关键的一个部门。2000—2010年,该机构资金预算增加了8倍,2014年达21亿美元,其资金大部分来自政府资助,财政并非完全自主。近年来,巴西创新融资署强化组织管理体系建设、重视产业投资领域遴选,在国家科技创新体系中发挥着越来越重要的作用。

一、发展特色

巴西创新融资署是一家较为成功的创新机构,旨在通过对科学、技术和创新活动的支持,促进巴西科技、经济、社会的全面发展,其特色主要体现在以下三个方面:

一是在国家创新体系中发挥重要协调作用——专门负责与国家战略利益相关的科技发展项目。2013年,巴西雄心勃勃地推出了创新与技术战略,其主要目的是增加战略部门的研发投入。该战略主要由12个国家部委、联邦政府下辖的4个监管机构和巴西国家开发银行共同参与。

二是通过实施科技开发项目提高创收能力——专门成立公众公司。巴西创新融资署虽然隶属于巴西科学技术与创新部,但其拥有高度的自主权,它已经开始自主制定实施科技开发计划。因而,巴西创新融资署实现了更大的经济独立性,并有能力通过自身投资渠道获得更多的收益。

三是专注于组织内部的能力建设——除了支持员工成为创业导师或为他们提

供攻读博士学位的机会,巴西创新融资署从2013年起也在积极开展内外部培训(如有关创新政策、经济事务、管理流程的培训),进一步对社会开放培训活动,加强与企业、政府人员等外部合作伙伴的关系。

二、发展历史

巴西创新融资署作为一家公共机构成立于1967年(见图2-1)。1965年,该机构的前身为一个研究项目提供了信托基金支持;1969年,成为巴西国家科技发展基金(Fundo Nacional de Desenvolvimento Científico e Tecnológico ,简称FNDCT)的管理机构;1971年,成为国家科技发展基金的执行机构。巴西创新融资署是为了与规划部合作而创立的,其成立之初的30年,一直以学术机构和研究中心为资助重心。1985年,它被并入新成立的科学技术部,同时,巴西预算缩紧的10年开始了。20世纪80年代,巴西GDP停滞不前,因此,20世纪80年代又被称为"失落的十年"。至1990年,巴西的通胀率几乎达到3000%。

2000年,巴西创新融资署成立创新(INOVAR)项目去帮助建立风险投资生态系统,努力改善创新生态系统。2004年,巴西出台创新法案;2005年出台企业法

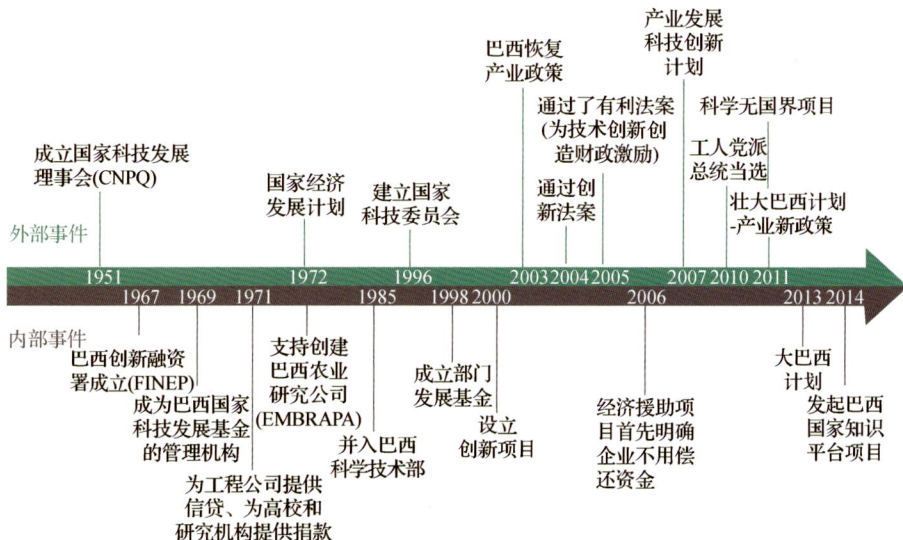

图2-1　巴西创新融资署发展历程

(Lei do Bem)法令;2007—2010 年,巴西产业发展机构化计划(Plano de Apoio à Competência Técnica Industrial,简称PACTI)更是将创新概念完全融入科技政策中。此外,巴西2011工业计划则更加侧重于部门战略。2013年,由巴西国家开发银行与巴西创新融资署联合发起的伊诺瓦经营计划项目,标志着巴西创新融资署开始为企业提供综合全面的支持服务(包括信贷、赠款和股权)。目前,巴西创新融资署优先支持的领域包括能源、生物燃料、清洁、卫生、福利、农业、太空、互联网等。

三、组织管理体系

(一)与政府的关系

巴西创新融资署大部分经费来自国家高等教育科技秘书处,同时它也通过向企业发放贷款等投资方式来盈利。政府职权赋予了巴西创新融资署充分的发展战略决策权和预算行使权,但是它也会因此或多或少受到政府的管制,无法像私人创新机构一样享有完全的自主权。该机构希望在未来可以不依赖政府,实现财政独立,打破每年设定年度预算的弊端,从而更易进行创新的长期规划。

(二)建立多元网络架构

巴西创新融资署拥有完善的公私合作产学研网络架构,积极与巴西国家科学基金会、区域性发展银行、巴西国家经济社会发展银行等机构开展项目合作。多元化的资金供给网络为巴西产学研合作提供了多渠道的资金来源。该机构为包括"宇航国防创新"计划、"巴西工业4.0"计划、可再生能源和生物燃料研究在内的多种产学研合作项目提供了重要的资金。

(三)组织结构

巴西创新融资署组织结构清晰,由创新部、战略项目部和科学发展部三大战略董事和两大公司董事组成不同的团队和部门。各大董事负责不同的产业领域,例如,科学发展部主要负责对高校的创新资助。另外,创新融资署在圣保罗、巴西利亚等地设有地方行政处,在部分企业设有研究机构。

(四) 员工背景

巴西创新融资署有员工740人,包括经济学家、工程师、律师,部分员工拥有在私人部门任职或担任公务员的工作经验。专科学历的员工被称为"技术助理员",本科学历的员工被称为"分析员"。该机构支持员工攻读硕士或博士学位,并于近期在机构内部创办了"创新机构培训学校",以解决员工在创新政策、经济产业事务、知识产权、创新机构绩效评估程序等方面遇到的问题。该培训学校计划未来能够为不同的创新团队量身打造课程设置,进而向机构外部的企业、公务员等合作伙伴进行授课。

四、创新支持举措

如今,巴西创新融资署的职责范围经过拓展,已经达到了科学技术研究和产业界的技术创新资助并重的程度。该机构与科学技术机构和工业伙伴广泛合作,通过一系列方式(主要是金融手段),支持科技创新从研发到商业化的各个阶段,在生产部门活动中发挥着重要作用,参与了多项科技创新的资助项目,例如:巴西航空公司飞机研发项目,该项目使航天器成为巴西出口的拳头产品之一;海洋实验室建设项目,该项目建成了拉丁美洲最大和最深的海洋蓄水池;与巴西农业畜牧研究公司合作开发的大豆种植肥料替代产品项目等。

巴西创新融资署承担了巴西国家经济社会发展银行(Banco Nacional de De-senvolvimento Economico e Social,简称BNDES)和巴西国家科技发展基金对博士研究生和硕士研究生的资助计划,负责审批对大学、科研机构的拨款以及对各类创新型企业的扶持资金,致力于促进科技界、产业界合作。它向大学、研究中心等非营利科研机构无偿拨款,资助基础研究、应用研究、新产品开发和高精尖技术的研发;同时也向公有或私营企业贷款,鼓励公司投资创新研究,开发新产品和新工艺。此类贷款不设还款期,可根据创新取得的收益确定还款时间。

巴西创新融资署的工作主要面向各种类型和规模的研究机构和企业。近年来,其管理重点和支持的领域也有所转变。例如,2011—2015年,在阿比克斯主席的领导下,该机构重点对大型企业进行支持(同时鼓励把中小企业纳入它们的研发计划);而现任领导人路易斯·费尔南德斯则对支持中小企业更感兴趣。

表2-1　巴西创新融资署主要创新项目

序号	支持手段	创新项目
1	财政支持	★向公共和私人研究机构及大学拨款。 ★发放公司研发补助金。 ★为企业研发和创新项目提供贷款。 ★运用股权、风险投资和种子资本,支持高科技公司发展。
2	中介支持	★创新(INOVAR)资助项目:孵化器基金,用于支持革新型企业,支持风投行业技术开发。 ★INOVACRED计划:2013年启动,为年营业额在2.3亿元人民币以上的企业提供开发新产品、新工艺和新服务的资助。 ★国家企业孵化器计划:支持创建和发展孵化器,加快高新园区建设,推动创新型企业发展。
3	载体建设	★国家知识平台:产业和学术界围绕技术重点或问题,进行技术和创新的公共采购。 ★巴西工业创新研究院(Empresa Brasileira de Pesquisa e Inovação Industrial,简称EMBRAPII):由公共和私营部门共同出资建立产业技术研究中心。

五、实施效果

巴西创新融资署有许多衡量机构绩效的内部评估手段,包括多种管理指标(如跟踪财务绩效、新业务发展和公司生产率的指标)和"30天"系统,用来提取项目的技术等级和信用等级数据。此外,这种手段还能够记录有关企业创新活动、机构支出以及主要实施项目的信息。经过两年的运作,巴西创新融资署开始使用这些信息进行战略性审查并改进创新方案。

巴西创新融资署通过对创新项目进行多项事后评估工作来总结影响企业研发投入的因素。一项研究表明,该机构每投资1美元就能带动社会向被投资对象的投入增加1.5美元。这说明,该机构的投资对于小微企业和大型企业均有正向影响。

六、在创新体系中的影响

几十年来,作为一家运行良好的大型机构,巴西创新融资署已经成为巴西科技创新政府管理系统中最关键的部门,是巴西科学技术与创新部下属的主要资助机构,由国家科技基金会和国家科技发展委员会监督管理。

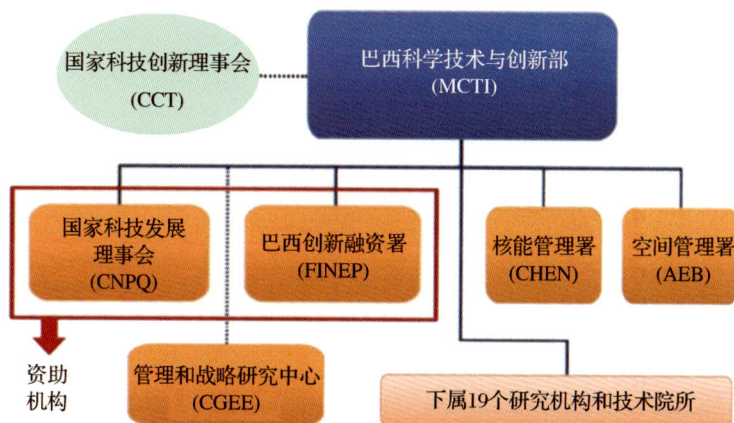

图2-2 巴西创新融资署组织架构

从2000—2010年的10年间,巴西创新融资署的预算增加了8倍,并直接对企业进行支持,虽然最终是否会进行项目投资还不能确定,但其系统性干预的积极影响是显而易见的。无论是改善具体行业的发展条件,还是提供其他形式的业务支持(如支持创新项目、科技型初创企业通过公共援助和科技型创业基金进行融资),该机构的支持举措均能提高科技型风险投资的水平。

巴西创新融资署在政策制定方面有更大的导向作用。虽然它不是负责国家战略政策工作的机构,但在创新实践中,它协助巴西政府开发创新方法,增加以科学和技术为重点的研发活动。如巴西的企业创新计划和国家知识平台计划都起源于该机构,这两项计划后来作为巴西政府的政策被逐渐推广开来。由此可见,巴西创新融资署对政府政策的影响日益凸显,甚至能够影响政府与相关机构特定领导人的决策。巴西创新融资署的负责人由政府直接任命(由MCTI提名并经巴西总统批准),也可以通过选举产生。

七、典型项目支持计划

巴西创新融资署对众多领域和机构都有相关投资计划,比如:资金广泛投资于可持续城市、建筑技术、循环经济、国防、创意经济、电子游戏、教育、能源、金融科技、保险技术、健康技术、采矿、石油、天然气、化学和生物基础材料等产业领域。

(一)"航宇国防创新"计划

该计划主要面向产业界与研究中心,旨在通过战略活动增强产业生产能力和研究机构研究能力,激励私营企业与研究机构合作,促进技术创新项目投资的分配。该计划的可用资金中有4.32亿美元由巴西科学与技术创新部提供。该计划是2013年3月巴西政府出台的"企业创新"计划的一部分。按照该计划,巴西多个政府部门通力合作,通过信贷与融资等手段,截至2014年总计提供59.22亿美元的信贷投资资金用以支持巴西企业进行科技创新。这些资金被提供给各类巴西企业用于实施创新项目。"企业创新"计划选择医疗、航宇、国防、能源、石油天然气、环境可持续性以及信息技术等重点领域投资。

(二)可再生能源和生物燃料研究

2013年6月,巴西政府投资28.5亿美元(约合人民币174.7亿元)用于可再生能源和生物燃料研究,以实现能源产业现代化发展。巴西正在从燃料生产技术与工艺的购买者向供应者转变。技术创新是一项长期的投资。根据国家政策,巴西创新融资署和巴西国家经济社会发展银行会向从事可再生能源和生物燃料研究的企业提供低息贷款,贷款利率低至3.5%。巴西政府对可再生能源技术创新的投资和支持不仅为国内创造了更多的就业机会,而且还向可再生能源投资商提供了激励政策。这有助于巴西参与快速发展的全球可再生能源市场的竞争。此外,巴西具有领导全球绿色革命的巨大潜力。

（三）新型农药开发计划

巴西创新融资署也非常重视新型农药领域的研发活动。2017年5月，巴西 Ourofino Agrociencia 公司和巴西创新融资署宣布达成两年的合作，双方将共同投资 6000万美元进行新农药的开发。此外该项目还将建立一个水分散粒剂除草剂的生产工厂。该工厂应用了最先进和高效的生产技术，在制剂生产过程中可减少外露操作和环境污染。所有资金中，近70%由巴西创新融资署提供。这项投资的目的是通过与合作方和研究人员结成网络，为市场现存问题提供高效的解决方案。双方合作推出了不同的系列产品来帮助巴西的农业生产者提高技术水平与管理经验。

（四）大力推进游戏开发市场

巴西创新融资署同时也关注国内游戏开发市场的投资。著名游戏市场数据研究公司 Newzoo 公布的2017年全球游戏市场报告表明，巴西2017年游戏行业的年收入达13亿美元，列全球第13位（2017年全球游戏行业总收入为1089亿美元，约合人民币7361亿元）。巴西出口与投资促进局同巴西游戏开发企业协会签署了合作协议，两家机构共同建立了"巴西游戏开发者"项目，旨在在全球范围内推广巴西的游戏业。巴西国家电影局对游戏开发商进行了371.2万美元的投资，其中巴西创新融资署也投资了278.4万美元。巴西一方面积极承接对国内游戏开发市场的投资，另一方面主动接轨国际游戏市场。这项举措进一步促进了巴西产业与世界的接轨。

（五）"巴西工业4.0"计划

世界步入了工业4.0时代，巴西创新融资署也自然会抓住这一机遇。2018年3月，巴西联邦政府在世界经济论坛上推出了"巴西工业4.0"计划。该计划提供16.2亿美元的信贷资金给相关企业，并且免去相关企业的进口税。该计划涵盖3D打印、人工智能、物联网等领域，旨在使本国的产业水平与国际接轨。多个行业的企业参与讨论了该计划。巴西政府认为，有必要通过这一支持举措来帮助企业提升技术和生产效率。该计划的投资方式主要是资金激励。巴西国家社会经济发展银行负责提供9.28亿美元的信贷规模，贷款利率从正常情况下的1.7%降到0.9%；

巴西创新融资署则负责投入4.64亿美元的资金,巴西长期贷款利率(TJLP)定在1.5%。此外,亚马逊银行负责提供11亿美元的资金,利率为每年4.5%至6.5%。

(六)投入巨资刺激物联网发展

近年来,巴西政府越来越关注互联网和新科技创业领域。即使在经济危机期间,推动互联网和移动网络普及的有关政策也未停止,初创公司也如雨后春笋般不断冒出。巴西国家地理与统计局公布的调查数据显示,巴西网民数量在2016年已超过1.6亿,占巴西10岁以上人口的64.7%。其中18岁到24岁年龄段的人口中,有85%的人上网。60岁以上的年龄段中,上网人口仅占25%。2018年7月,巴西创新融资署宣布投入2.7亿美元开展物联网技术,并投资300个项目。该笔资金中大部分(1.98亿美元)由科学技术与创新部承担,其余的0.72亿美元则由巴西电信技术发展基金会出资。科学技术与创新部部长罗纳多认为,农业、家具、能源和卫生领域是该投资计划所倾向的产业。为了做好候选公司的经济能力评估工作,计划规定企业每年的营业收入必须达到288万美元,才能获得90万美元的投资项目。此外,从项目通过到获得资金预计需要90天到120天的时间。

(七)扶持区块链的初创企业和其他技术

随着全球区块链技术的飞跃发展,巴西创新融资署也与时俱进,加大了对区域初创企业和技术的扶持。根据巴西政府网公告,在巴西创新融资署对有关区块链的初创企业和其他技术领域的投资中,第二轮融资的重点是为创新初创企业提供资金。这些受到资金支持的初创企业的技术项目必须处于最终产品开发阶段,或者需要扩大生产规模,前提是它们能够证明自身的商业可行性。创新创业投资计划的目标是,优化国家科学、技术和创新体系,培养具有高增长潜力的企业,创造需要高端技能的就业岗位,促进巴西种子资本市场的发展。巴西创新融资署也将投资知识和财政资源产业,通过增加企业资本,每年分红的营业额预计能够达到480万美元。该机构对初创企业的投资要求是,排除尚在研究阶段的项目构造不成熟的想法。因为要加入该投资计划,初创公司必须至少有最低可行的产品原型(MVP)和概念证明,或者已经在进行第一次销售。

八、启示

（一）强化科技创新管理，促进科技与产业深度融合

巴西是南美洲大国，它已快速崛起为全球第七大经济体，其科技创新更是已经取得明显成效。10多年来，巴西推出多部用于促进科技创新的法律，持续颁布了国家层面的科技创新发展五年规划，推出工业研究计划和INOVACRED计划，有效推动了企业创新。巴西强化科技创新管理，强调科技与产业深度融合，遴选能够拉动未来经济增长的重点技术领域给予巨额资助，重视科技计划和规划在科技管理中的引导和抓手作用。同为金砖国家，我国有必要持续关注巴西创新融资署相关运行情况，以了解在国家驱动下建立的平台对于促进科技创新与产业发展融合所起到的作用。

（二）政府参与科技研发与创新活动的作用日益显著

目前，巴西研究、开发和创新资金主要有6个方面的来源：联邦、州和市三级政府，大学和研究机构，国有公司，私营公司，私营的非营利团体和基金会，其他国内和国际组织以及多边机构等，其中各级政府的投入在巴西科技研发与创新活动中占主导地位，巴西政府鼓励企业、大学和研究机构加大对科技研发与创新活动的投入。近年来，巴西一些国有和私营企业在巴西科技创新活动中发挥着日益重要的作用，巴西创新融资署在每个重要的历史阶段都会对本国重大的科技项目进行投资（如"巴西工业4.0"计划），政府的投资在推动科技创新方面起到了重要的支撑作用。纵观我国目前面临的基础研发向产业化转移的众多障碍，政府应该建立相关机制和实行相关政策，促进高校、科研院所与企业之间协同构建创新的桥梁，以实现从基础研发向产业化的充分衔接。

（三）加强科技评估工作，提升项目实施效能

巴西创新融资署采取多种管理指标（如跟踪财务绩效、新业务发展和关注公司生产率指标）以及"30天"系统等多种方式，获取有关企业创新活动、机构支出及主

要实施项目的信息,并对这些信息进行战略审查和事后评估工作。巴西的相关创新举措,对于我国科技项目评价、考核也具有很好的学习借鉴作用,我国相关项目可以参考巴西创新融资署的方法(建立多种管理指标,实施效果跟踪,加强科技政策和科技项目的事前、事中和事后评估工作等),不断改进科技政策评估、科技项目考核、项目验收的方式与机制,不断提升项目管理实施效能。

(四)加强科技人员培训,提升行业执业水平

巴西创新融资署内部员工有多元化的工作经历和不同的学历背景,机构支持员工攻读硕士或博士学位,并且建立"创新机构培训学校"以帮助员工了解创新政策、经济产业事务、知识产权、创新机构绩效评估程序,通过内部培训的方式提高员工的职业能力和科学素养。在我国类似的创新机构中,内部培训工作还相对薄弱,建立内外部相结合的培训工作体系势在必行。创新机构应该创新思维、组织方式和发展理念,在各类创新机构内加强学习交流与对外合作,帮助科技工作者尽快提升工作业务水平和执业素养。

(五)整合国内外创新资源,助推本国科技创新发展

巴西作为一个颇具吸引力的新兴市场,受到许多大型跨国公司的青睐,大型跨国公司纷纷在巴西设立了大型研发机构。巴西在汽车、飞机、软件、光纤、电器等领域有较强的产业竞争力,这些领域的有关企业正不断向国外推广自己的产品。与此同时,巴西科研管理部门不断加强对外交流与合作,学习先进国家的科研管理经验。此外,巴西也不断加强与世界银行、美洲开发银行、联合国开发计划署、世界卫生组织、世界野生动物基金会的联系,借助世界顶级组织的影响力和资金,强化对本国科技创新项目的资助;同时,巴西也认识到了科技创新人才是国家发展必需的智力资源,对人才提供了充分的支持。

第三章

智利经济发展局

世界知识产权组织发布的《2016年全球创新指数报告》对128个经济体进行了评分和排名,智利凭借制度、基础设施和商业成熟度的优势在全球排名第44位,位列拉美国家之首。智利经济发展局(Chilean Economic Development Agency,简称CORFO)作为智利主要的创新机构,加快了国家创新步伐,实施了一系列举措以提高生产效率,创新生产方式,培养专业人才,为智利的经济增长不断注入新动力。CORFO是全球创新机构中颇为成功的创新范例,具有以下明显特征:

机动的发展模式——为适应智利20世纪70年代到90年代动荡的社会政治格局,CORFO自成立以来进行了关于机构设置和发展方向上的多重调整,因此也培养了自身对外部环境较强的应对能力。

重点发展新兴产业——作为智利的发展机构,CORFO一直采取跨部门发展方式,在发展新兴产业的同时兼顾做大做强传统产业的目标。智利实施的生产集群政策也反映出新兴产业已成为其主攻产业方向。

创新领导者——智利是拉丁美洲首个发展创业政策和支持创业项目的国家,如"启程智利"项目充分体现了智利经济发展局的领先地位。该项目是由智利经济部、外交部和内政部联合主办的一个国际性大型项目,旨在吸引全球各地在创业早期、充满潜力的年轻企业家到智利创业并将业务全球化,最终目标是将智利打造成拉丁美洲创业与创新的中心地带。项目自2010年发起以来,已经资助了37个国家的400多名企业家。

一、发展历史

CORFO是智利的国家创新融资机构,隶属于经济、发展和旅游部,旨在通过鼓励投资、创新、创业,加强人力资本和提高实现可持续发展的能力,提升国家竞争力和生产的多样性。其总部位于圣地亚哥,于1939年在一场地震后应运而生。面对震后千疮百孔的国家经济,CORFO的最初任务是改善智利的能源供给并发展全国性的钢铁产业。之后,由于政治变革和经济危机,CORFO相应地进行了多次改革。在皮诺切特执政期间,CORFO领导了一场私有化改革运动。20世纪90年代伊始,皮诺切特跌下政坛,CORFO迅速将其政策和发展重点聚焦于更大的市场,以提高智利企业在国内外市场的竞争力,同时并未忽略对小企业的支持。2015年,该机构可支配预算达3.45亿美元,员工数为685人。

该机构近年制定了新的目标,包括提升商业伙伴的竞争力、实现现代化管理、为处在早期发展阶段的企业提供资金支持、平衡区域发展。如今,随着知识经验的积累,机构政策开始由有限的直接干预逐渐转变为交错性的综合举措。

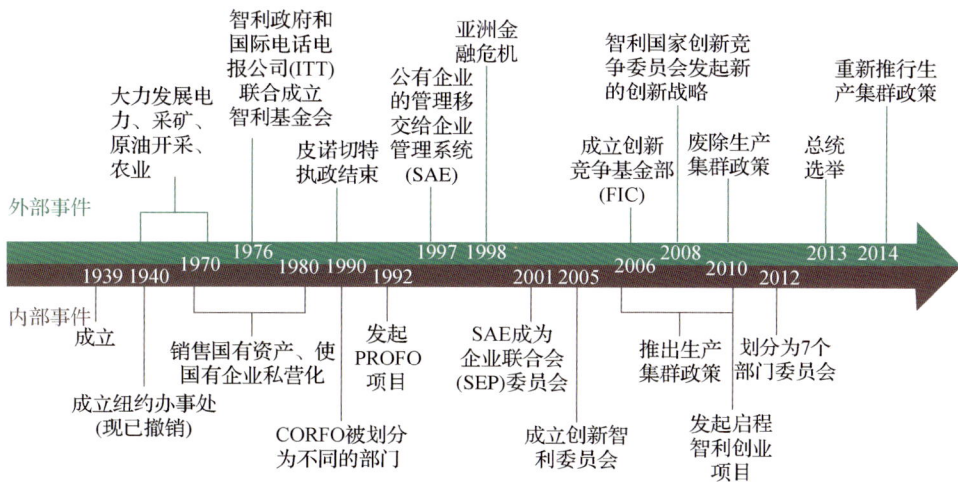

图3-1 智利经济发展局发展历程

注:国际电话电报公司(International Telephone and Telegraph Corporation,简称ITT)

二、组织管理体系

(一)与政府的关系

CORFO隶属于经济、发展和旅游部,由创新竞争基金部(Fund for Innovation and competiti Competitiveness,简称FIC)拨款,智利经济部和智利国家创新竞争委员会(National Innovation for Competitiveness Council,简称CNIC)把控创新政策方向,而CORFO则负责具体贯彻落实政策和执行方案,也通过当地的办事处来处理区域创新项目。为提高工作效率,该机构将大量的支持项目外包给智利的其他公共机构、地方政府、行业协会以及研究机构,还通过地方办公室网络来管理区域创新方案的交付。

（二）外部关系网

CORFO 没有雇佣大量内部员工,而是建立了完善的外部合作关系网络。智利教育部的直属单位——国家科学技术研究委员会(National Commission for Scientific and Technological Research,简称 CONICYT)是其重要的合作伙伴。经济部和教育部在 CORFO 和 CONICYT 之间的运行模式不同,这偶尔会阻碍机构层面的协调性。因此,经过对经济部的冗杂重叠的职能进行审查后,智利政府决定将 CORFO 的部分研发项目移交给 CONICYT 负责。如2015年,智利经济发展局的一笔250万欧元的预算被交割给了智利基金会(一所非营利机构,依靠科技创新推动智利的产业增长)。

（三）组织架构

自1990年以来,CORFO 已经通过建立内部委员会来拓展新的工作领域,这些机构的成立和撤销依据具体经济形势而定。目前,CORFO 由10个部门构成,其中5个部门负责员工和企业方面的服务性工作,其余5个部门承担被投资企业在规模增长等方面的项目。2014年,智利恢复了企业集群政策,确定了7个战略部门,包括采矿、旅游、农产品、建筑、创意经济、农业和渔业、先进制造业等。各部门需要日常制订创新计划来对战略集群进行规划,并实时关注对私人组织或机构的支持。

（四）员工背景

智利经济发展局雇员包括研究员、工程师、具有私营部门工作经验的人员,由于该机构与政府关系密切,所以机构内的大部分高级雇员都曾是公务员。

三、创新支持举措

CORFO 项目大多是需求驱动型项目,积极顺应经济发展形势,帮助符合资格的受助人获得联合融资。CORFO 通过购买银行债券获得债息收入,款项专用于为中小企业发放投资贷款;支持其他金融机构面向中小企业放贷,其担保费用的

75%由国家负担。CORFO对重点发展领域的支持形式包括资金支持(捐赠、贷款、信贷额度、风险投资和种子基金)、技术和创新能力建设、网络构建等,平均资助期限为2—3年。

CORFO注重培育创业环境,将创业和创新作为促进经济社会发展、提高经济竞争力的首要途径之一。针对不同的产业和受众,CORFO推出了多个扶持项目,采取多项措施以推动创新创业活动的开展。其中最具影响力的是一项名为"启程智利(Start-Up Chile)"的战略计划。启程智利项目是由智利政府经济部、外交部和内政部联合主办,智利经济发展局具体负责实施的一个创业加速器,旨在鼓励全球年轻企业家在创业早期到智利来进行创业,其目标是将智利打造成为拉丁美洲创业中心。智利政府为每位创业者提供4万美元的启动资金、一年签证和其他多方面的支持。

CORFO实施的项目受益者包括中小企业、企业家、学生、金融机构和特定行业的利益相关人员。近年来,CORFO重点支持增长潜力较大的中小型企业(尽管20世纪90年代末的亚洲金融危机暴露了其漏洞),旨在努力发展非传统部门经济和提升采矿业等传统部门的竞争力,使智利经济逐步走向现代化。

表3-1 智利经济发展局重点创新项目

序号	支持手段	创新项目
1	财政支持	★创新智利项目:提高竞争力,促进企业文化和战略投资。 ★市场竞争项目:挑战驱动型项目,帮助高校和企业进行商业化。 ★微型、中小型企业(MSMEs)信贷项目:为中小企业提供贷款促进企业投资,提高企业生产力
2	中介支持	★企业孵化器项目:对企业创新和孵化器进行补贴。 ★全球网络:提供全球服务网络,帮助智利企业申请孵化。 ★天使投资网络:支持创建企业天使投资网络,进行股权投资,并为风险资本经理提供长期信贷来支持中小企业的研发投入

序号	支持手段	创新项目
3	载体建设	★国际竞争力中心吸引力项目:提高技术驱动型和潜力较大部门的研发投入。 ★启程智利项目:是一个由智利政府资助的创业孵化项目,旨在吸引全球各地年轻企业家在创业早期到智利创业,并将业务全球化。该项目的最终目标是将智利逐渐打造成为拉丁美洲创业与创新的中心地带

四、实施效果

2012年,为了建立更加标准化的评估体系,机构内部成立了评估部门(有5名员工)。在此之前,外部评估专家也拥有一套自己的评估基准。但是随着全球经济危机的波及,人们开始重新审视智利经济发展局机构内部分配预算的方式。由此,评估问责制逐渐开始实行,同时智利经济发展局仍在努力开发精确高效的评估标准以更好地服务于机构创新。

一些评估机构选取了参照组来对比智利经济发展局项目的实施效果,这些评估机构包括智利大学、世界银行、美国开发银行和亚太经合组织等。总体来看,项目评估结果表明,项目的实施对被资助企业或企业家产生了积极的中短期影响,但从长期来看似乎没有显著影响。

1991年至2001年,创新智利(FONTEC)投资项目资助了超过1700项创新项目,价值约2.5亿美元,惠及6000家企业(约85%是中小企业)。

1992年,智利经济发展局推出生产绩效(PROFO)项目。该项目最初由智利中小企业促进局(Servicios de Cooperacion Tecnica,简称SERCOTEC)引入,其目标是推动中小企业间的直接研发合作,建立本地企业间密切的关系网络,形成具有竞争力的企业集群。尽管先前的研究表明,该项目在提高企业年销售额和增加企业家薪资方面有积极作用,但是2011年发表的一份关于2002—2008年间的报告显示,项目对参与者的实际影响微乎其微,尤其对制造业作用更小。

启程智利项目自2010年开始实施后已经收到超过1.8万份申请,对37个国家中近400名企业家给予了资助,至今已成功孵化4期初创企业,成功孵化的中小企业总筹资已超过1亿美元。2015年,CORFO推出S工厂计划(The S Factory)项目,为初创企业中的女性创始人在进入创业加速器之前提供长达12周的培训,包括集中训练、投资模拟以及导师的升级指导等。

五、创新系统的影响

在过去几十年中,CORFO对智利经济发挥的职能并非一成不变。早期,CORFO直接参与新兴部门的发展,主要帮助培育电力、通信、渔业、煤炭等行业中的国有企业。在皮诺切特政权变更之后,CORFO职能迅速向资金和管理方面聚焦。现阶段的智利基金会和启程智利项目是成功受助项目,对智利经济社会影响甚大。

然而,CORFO仅享有有限的项目自主权,这使得CORFO在项目实施和政府战略发展过程中所发挥的作用相对有限。智利当局行事作风过度谨慎可能是20世纪70年代政局波动以及经济危机的后遗症。当下,智利虽然政治环境一片晴好,但政府在企业创新和增长方面的战略频繁变动,使得CORFO仍然难以做出长期发展规划。

附件3-1:

启程智利(Start-Up Chile)

启程智利是CORFO2010年推出的创业加速器计划,主要用于资助全球创新型人才。CORFO希望通过这一项目转变智利的创业思维和文化,将智利打造成拉丁美洲的科技创业中心,提升智利在国际商业领域的影响力和名声。当下,该计划是全球领先的加速器项目,成功优化了智利和拉美地区的创业生态。它同时也是50多个国家政府孵化器的灵感来源,这些包括:阿根廷(IncuBAte)、秘鲁(Startup Peru)、墨西哥(Startup Mexico)、哥伦比亚(Ruta N)、巴西(Start-Up Brazil)、马来西亚(MaGIC)、牙买加(Start-Up Jamaica)、韩国(K-Startup Grand Challenge)。

一、项目类别

启程智利包括S工厂计划(The S Factory)、种子计划(Seed)、规模计划(HUELLA)三项:

S工厂计划目前处在早期概念阶段,是针对由女性主导的初创企业的预加速计划,专门面向女性创业者。每年资助两批,每批有20—30家公司。资助金额最高达2.5万美元,可享受最长4个月的创业加速服务。

种子计划是针对有功能产品需要早期验证的公司的加速项目,每年资助两批,每批80—100家企业。企业可在6个月内享受资助进行创业,一般来说,种子计划是申请人数最多的计划。

申请条件——在智利注册的公司需以法人身份申请,受益人是公司;智利境外的公司需以自然人身份申请,申请书上的申请个人将成为受益人。企业成立时间应少于3年,不得是咨询公司、进出口公司、特许经营公司,因为这些企业无法在全球范围内扩展。企业团队应完全致力于该项目计划,或者在申请中指定两名自然人完全参与。

无股本资助——初创企业将获得250万比索,相当于项目总成本的90%,通过补偿或预付款形式来获得资助。创始人或初创公司必须提供创业资金的10%。申请人可以申请额外的250万比索以留在智利,这也将使他们的创业期限延长14个月。企业最高可获得8万美元资助,享受6个月的创业加速服务——在这6个月中,通过全面加速计划,被资助的企业能够与智利国内和国际企业网络、投资者、导师和全球合作伙伴充分交流。该计划将全力支持创业者创业,扩展新市场以及与其他志同道合的企业家分享经验。创业者使用众创空间的时间最多可延长至9个月。国外团队将获得一年的工作签证、免费的合作空间和全面的软着陆过程支持。所有团队都可以访问初创企业智利社区,该社区提供高达10万美元的优惠服务,如接触微软的BizSpark、Facebook Start、Amazon Web Services等公司,学习成功的管理、运营经验。

规模计划资助对象为在智利注册成立、业绩良好、进行创新研究的公司。该计划旨在扶持企业在拉丁美洲甚至全球范围内扩大规模,推动企业迈向下一个阶段,在经济、社会、环境方面获得三重收益。规模计划每年资助两批企业,每批各15家企业。企业最高可获得8万美元资助,可享受6个月的创业加速服务。申请条件为在智利的法人公司或个体创业者,需100%投入该项目,英语是必备语言。

无股本资助——通过偿还或预付款两种方式,初创企业可以获得项目总成本80%的资金补助,创始人或初创公司必须提供剩余资金的20%。

二、运营特点

格局大。启程智利项目着眼全球,为全世界优秀人才和创意项目提供资助和加速服务,不拘泥于本国、本地区。自该项目运营以来,已经为85个国家的企业提供了加速服务。该项目鼓励获得资助的企业面向整个拉丁美洲甚至全球拓展市场业务。

机制活。该计划是独立于智利政府其他部门的主体机构,避免了政府和创业项目交涉过程中不和谐的因素。项目的开展不拘泥于形式,而是从底层开始构建计划,在具有清晰准确的目标后,根据智利国家以及政府机构现实情况来调整项目。

定位新。该计划对企业均是无股本投资,出于公益性和活跃智利创业环境的考量实施项目,并非利用参股企业来盈利。一个地区的商业活跃度是其经济发展、社会进步的重要因素。智利经济发展局的活动使智利国家行为转变为企业家精神文化。为避免资金短缺、创业资源匮乏等问题,其资助过程中也会考虑与智利市场相联系或进行国际合作等。

三、获得资助

该项目靠什么盈利运作呢？作为回报,项目会要求获得资助的企业加入创始人实验室(Founders Lab)为后来的初创企业提供指导,这使得创始人实验室成了一个"创始人支持创始人"的地方。

创始人实验室为创业者提供创业支持时,将重点放在五个阶段(灵感、创造、实践、支持、定期指导),启程智利计划参与者们可以与当地社区互动并产生持久影响。

表3-2 项目资助者概况

资助类别	公司名称	公司及服务介绍
活动赞助商	智利跨行	智利领先的信用卡和借记卡支付收单和处理公司,在智利全国各地拥有超过20万家使用其服务的商店。该公司以其安全、服务良好而著称,其改变了智利的支付行业
	微软	成立于1975年,是全球软件、服务、设备和解决方案的领导者,帮助初创企业充分发挥潜力,其使命是使得每个人、每个组织成就更多
	币安	支持创业者从具体的事实开始创业,就如何提供满足需求的金融产品和服务给予建议。其主要目标是与刚刚起步的智利企业家建立长期的关系,维持长久的信任和联系。BCI对企业家有着深刻的社会承诺,以专注和专业的方式为企业在各个商业阶段提供支持
	埃森哲	全球领先的专业服务公司,通过在战略、咨询、数字、技术和运营方面提供卓越的服务,解决客户面临的严峻挑战。埃森哲与超过3/4的《财富》全球500强企业合作,推动改变全球创新方式。在智利,其客户主要来自以下行业:金融服务、采矿、能源、天然气和石油、零售、消费品、运输和物流、实体、航空公司和电信

续表3-2

资助类别	公司名称	公司及服务介绍
合作商	意大利国家电力公司	智利最大的电力集团、全球能源和天然气综合运营商,装机容量超过6300兆瓦,共有103台发电机组位于智利国家电网(SIC),8台位于北部电网(SING)。在配电领域,该公司在圣地亚哥大都会区33个区域(占地2000多平方公里)开展业务,销售额占智利国内所有配电的40%。该公司在31个国家设有分支机构
	魅卡多网	拉丁美洲市场最大零售商,允许和帮助创业者销售其产品,支持创业者发展线上销售。该公司已经扶持过500个创业者和3万种产品
	万事达	一家从事全球支付业务的技术公司,将全世界的消费者、金融机构、商人、政府和企业联系起来,使他们能够使用电子形式的支付,为他们提供方便、安全、高效的服务。目前,该公司已为全球210多个国家和地区的23亿张信用卡提供过技术支持
	智利电信公司	智利领先的电信运营商,拥有业内最现代化的基础设施,提供包括移动、固定通信、外包IT和联系中心等服务

四、取得成果

2017年8月,智利面向参与过启程智利项目的企业开展了一项调查,以衡量该项目产生的经济影响。89%参加过该项目的企业参与此次调查,其中有22%的企业提供了企业运营情况报告。

启程智利项目现有初创企业1616家,存活率达到54.5%,其中智利国内企业的存活率达59.9%。存活的企业中56.4%仍留在智利国内运营,其中约一半是来自国外的初创企业,约另一半为智利本土企业。被调查企业中22%的初创企业正式估值达14.27亿美元。初创企业共筹集资金9.97亿美元,其中46%来自公共资金,54%来自私人资金。募集资金总额是CORFO对该项目投资的18.3倍。参与企业的全球销售额已超过6.91亿美元,其中有3.21亿美元的销售额是在上一年内产生的。留在智利运营的企业销售额达1.4亿美元,其中6300万美元的销售额是在上一年内取得的。

第四章
芬兰国家技术创新局

从20世纪80年代开始,芬兰就着力推动经济类型从要素驱动、投资驱动向创新驱动转型,从"以资源为基础"的增长模式成功升级为"以创新为驱动"的增长模式。经过多年的探索与完善,芬兰建立了适合本国经济发展的创新机制,现已形成从教育研发投入、企业技术创新、创新风险投资到提高企业出口创新能力等一套完整的国家创新体系。芬兰国家技术创新局(Finnish Funding Agency for Technology and Innovation,简称TEKES)在芬兰创新体系中起着不可替代的核心作用。它使得科技政策得到落实,并妥善协调了各部门之间的关系,是科技成果向现实生产力转化的重要载体,实现了政府意志与市场运作的有机结合。

一、发展历史

芬兰是世界公认的"创新型"国家,通过借鉴日本等国家产业创新的成功经验,芬兰政府确立了以技术创新为核心的国家创新战略。1983年,"芬兰科技政策理事会"正式更名为"芬兰科学技术政策理事会",由芬兰政府总理亲自担任理事会主席,负责芬兰的科学技术政策和总体发展规划。同年,为更好地执行科技发展政策,时任芬兰总统毛诺·科伊维斯托正式批准设立芬兰国家技术创新局(TEKES)。该机构通过科技创新促进了芬兰科研、工业和服务业的发展,刺激了芬兰的经济,增加了芬兰产品的附加值和出口贸易额,提高了生产力及芬兰人民工作生活的质量,创造了就业机会,并改善了社会福利系统,对芬兰各产业集群都有深远影响,也为建设芬兰国家未来指明了重要的战略方向。

TEKES的发展口号是:创新是改变人类生活、提高公司利润、改善环境和社会福利的有效工具。通过政府资金的大力扶持,TEKES降低了知识创新与技术创新的风险,为创新战略指明了方向,并促进了创新体系中各个重要因素之间的沟通与合作。

TEKES设立之后推动的首个国家级重大项目是芬兰半导体科技项目。之后,TEKES开始在信息通信技术领域不断加大投入,使得以诺基亚为代表的一大批企业在国际舞台崭露头角。20世纪90年代后期,随着公共资金投入的增大,TEKES承担的职责范围越来越大,其规模也因此迅速扩大。

二、组织管理体系

（一）与政府的关系

TEKES在组织上隶属于芬兰就业与经济部（该部门于2008年由原贸易和工业部、劳动部以及内政部的地区发展与公共管理司合并而成）。虽然TEKES向就业与经济部申请到了国家预算，获得了运营资金，却并没有从资助中获取利润及知识产权，但是TEKES终能以比较独立的方式，制定自身项目的发展目标和战略规划。而且，作为核心执行机构，TEKES与芬兰各大高校、芬兰科学院、芬兰贸易协会、芬兰国立研究中心等主要创新活动主体都有积极的互动。这些互动使其在芬兰科技创新体系，乃至整个芬兰公共政策领域都起到了举足轻重的作用。

20世纪80年代伊始，TEKES的职能定位为：协调当时的芬兰贸易和工业部完成应用型项目的资金申报和发放，领导并监督项目实施，推动项目结果的产业化；在生产技术方面，决定企业发展项目的资金或贷款支持，协助当时的芬兰贸易和工业部在能源技术领域对研究专项进行规划，监督其他国家的研究与技术政策发展，与其他国际技术组织建立联系并协助部委开展其他科技领域的活动。

到90年代后，TEKES则更加强调对研发专项的规划、资助以及领导；为产品及产品的生产方法和服务发展提供资助和咨询；提供一定的技术转让，并参与芬兰国家技术创新的政策规划。

作为芬兰政府专门从事科技研究和开发投资的主要国立机构，TEKES的资助项目主要集中在应用型工业技术研发方面。它为工业项目和研究机构提供帮助，鼓励开展具有创新性和高风险性的科技项目。在科研创新方面，受芬兰国家技术创新局资助的公司活动投入资金超过6亿欧元，其影响在新型技术公司的设立、企业服务和公司产业的发展以及国际化进程中均得以体现。

TEKES通过专项计划，提高了芬兰工业和服务业的竞争力，使芬兰产业结构更加多样化，增加了商品的产量和出口量，并为就业和社会福利提供了坚实的保障。此外，TEKES在最大程度上避免了科研和开发应用的相互脱节，使研究和商业做到了"无缝连接",从而提高了国家的技术创新能力。

此外,TEKES在企业和大学科研院所中始终起着桥梁的作用。它设有专门的指导委员会,成员代表身份各异,主要来自科研机构、产业界和政府。通过和高校、行业协会、企业和国内外的战略合作组织建立畅通的沟通渠道,特别是与企业进行关于未来技术发展需求的战略对话,TEKES得以绘制未来技术发展需求的蓝图,并以此作为TEKES工作的政策指引。

(二)关系网络

TEKES高度关注与企业的关系。该机构的"指明灯"导向作用非常契合企业发展的需求,既可以为企业创造良好的投资环境,也可以帮助企业提升竞争力、激发产品创意。同时,TEKES邀请行业合作伙伴参与该机构每三年更新一次的战略开发,为创新注入新活力。机构战略开发作为一个尽可能开放的过程,可以使公司和其他人变成"合作者和创作者"来参与创新环境建设,机构每年开展约1000次战略讨论来增强与社会各界的联系。

(三)组织架构

随着业务范围的扩大,TEKES发展迅速,员工数量从最初的20人增加到400余人(包括国外分支机构人员)。机构部门职能完善,与不同部门与初创企业及中小企业均有合作,专注于构建企业、研究机构和政府部门之间的工作关系,从而引导战略性、全局性和行业性的发展活动。

布局在14个区域性就业与经济发展中心(Employment and Economic Development Centers,简称ELY Centers)的技术发展部门,它们在全国范围内为TEKES提供服务。此外,TEKES在海外有6个办事处,分别位于布鲁塞尔、华盛顿、圣何塞、东京、北京和上海。

为进一步提高工作效率,TEKES采取了扁平化的内部结构。首先,它根据资助对象的规模,分别设立了分别针对初创型企业、成长中企业、大型企业及公共机构的三个部门;其次,把原先按行业划分的部门全部撤并,按照为芬兰经济发展和人类生活带来的变化的不同,设立了可持续发展经济、人类生命活力、智能生活三个部门,同时让生活发展和人力资源、市场与沟通、国际网络及服务四个横向贯穿其中。

改变后的TEKES力图使内部管理更加清晰,最大限度地降低政府官僚作风,力求更好地与芬兰工业界和科研界沟通交流,更广泛地建立国内和国际合作网络,并最大限度地加快项目审批流程,提升工作效率。

(四)员工背景

一直以来,TEKES十分注重招聘具有企业从业经验的员工,并为员工提供商业培训。现任总经理佩卡·索伊尼曾在诺基亚西门子公司担任资深管理者超过20年。不过,TEKES如今的员工,一半具有从事研究工作的背景,一半具有商业工作背景。

TEKES打破了中级管理层人员(部门负责人)的终身制。除了所有中级管理层职位需要重新竞聘上岗外,竞聘成功的领导者只会获得三年的任职机会。届满之后,所有职位将进行新一轮的竞聘。竞争机制的引入,打破了原先政府部门相对僵化的晋升体系,使真正有能力的优秀人才有机会得到快速晋升,也促使内部人员保持积极的工作态度。

三、创新支持举措

(一)多层次资金支持

TEKES根据研发项目的性质,以不同的形式为具有高风险性和创新性的研发项目提供无偿资助或低息贷款,是企业和研究机构进行重大科研和产品研制项目的资助者和促进者。TEKES通常聚焦某一特定领域,通过联合企业、高校和科研机构的力量,利用5年左右的时间实施某项国家技术计划,并推动产业群的形成。TEKES曾资助过诺基亚等高技术企业。

TEKES已经尝试通过各种类型的创新支持方式(包括拨款、贷款、股权投资、促进政府从中小企业采购创新产品,以及管理大型公私合作伙伴关系等)大力扶持重点行业创新。其90%的精力都投入在"高风险"研发项目上。在资金使用上,约40%的资金是有"反应性"的,公司可以通过创新想法或研发项目提案获得TEKES资助,并且这些想法或提案不一定符合具体的专题计划;20%用于科学技术创新战略中心(Strategic Centers for Science, Technology and Innovation,简称SHOK)开展的研究;25%用于TEKES关注的重点领域;剩余15%作为储备金用于其他战略性的优先事项。

TEKES为公司、研究机构和公共服务提供商提供资金。当前,TEKES重点支持中小型企业,规模较大的公司通常必须提供较高比例的匹配资金方可获得机构的资金支持。

TEKES每年还会拿出数千万欧元资金,用于资助成长型企业(即成立年限在2年以下,且具有核心技术或良好商业模式的潜力企业)。2011年,"年轻成长型企业"项目资助了约1000家成长型企业,这些企业除了每年为芬兰提供大量的创新就业机会外,也吸引了大批风险投资,这些投资又进一步促进了这些企业的快速发展。

另外,TEKES自身也拥有研究和技术预测能力。每年,TEKES都会投入500万欧元,用于分析芬兰的社会经济。TEKES既开展国内合作(此类合作通过一个团体展开,该团体拥有90多个成员,其总部设立在经济部、交通运输部和环保部所在的中心区),同时也积极开展国际合作,与其他创新机构共同进行项目的研究和交流。

表4-1　芬兰国家技术创新局主要创新项目

序号	支持类型	关键项目
1	财政支持	★初创企业项目:为增长潜力较高的初创企业提供资助资金、贷款基金(至多125万欧元) ★开发试点贷款:低息贷款,用于帮助企业测试新产品或新服务、生产方式和商业模式 ★风投项目:指导国有公司先投资于风险投资基金,然后投资早期公司

续表4-1

序号	支持类型	关键项目
2	非财政支持	★展望2020计划：由欧洲7国共同发起并参与，欧洲资金援助芬兰投标申请人
3	中介支持	★Vigo加速器项目：由芬兰就业与经济部、TEKES与芬兰出口信贷担保公司联合推出。针对初创企业在资金、商业管理领域面临的挑战，TEKES为每个申请通过的小企业配备一个"加速器"公司，项目期一般为18—24个月
4	载体建设	★科学技术创新战略中心：6个科学技术创新战略中心汇集研究机构和企业开展特定专题领域的研发项目

（二）全覆盖创新主体

目前，TEKES每年为2000多个项目提供资金，其中，大约1/3的资金用于支持科研院校的项目，大约2/3的资金为企业提供支持。

向大学和科研机构提供资金时，TEKES会优先考虑有较好产业化前景、跨领域以及国际合作的项目。为了更好地帮助项目实现后期的产业化，TEKES一般要求项目申报阶段就有企业参与。同时，TEKES要求参与项目的企业投入相应比例的配套资金。另外，TEKES还与芬兰科学院一起设立了芬兰杰出教授（Finland Distinguished Professor，简称FiDiPro）计划专项资金来吸引全球卓越的科学家到芬兰参与科研活动。

向企业提供的资金主要用于完善产品开发、服务、生产方法和商业概念。示范性项目与测试项目均可获得TEKES的资金支持。对于每一个申报成功的项目，TEKES都会根据项目内容、风险大小、国际合作内容及程度等，进行不同比例的资助。资助方式也有所不同，分为无偿政府拨款或无息贷款两种（有时会将两种方式并用），剩余的资金缺口需要由申报单位配套解决。比如：对用于产品市场化、服务业的项目以及提出了新商业概念的项目，一般给予低息贷款；对于中小企业承担的"有关产品、商业运作和服务方式方面的挑战性开发项目"，可获得最高为项目总金额35%~50%的无偿拨款或是占项目总金额70%的贷款；大企业则仅可以获得最高为项目总金额25%、35%、50%不等的无偿拨款资助。

（三）立体式评审机制

TEKES资助的资金主要针对创新知识和技术的高风险性项目,如新的产品、工艺、服务和商业概念。所有项目的资助都是基于公平竞争的原则进行的,包括促进新信息和新技术的开发;激励企业研发;鼓励项目申报单位通过配套资金分担项目的投资与开发风险。以上评估原则也是整个芬兰政府对资助项目考虑的总体原则。在项目筛选和资金分配的过程中,TEKES设立了一系列的标准,以求最大限度地促进不同类型的企业、科研单位与产业界的合作。例如:当企业获得资金时,通常都需要有大学或研究机构作为合作伙伴;如果大学或研究机构获得资金,必须有公司作为合作伙伴或者有公司投入资金进行共同资助;大型企业如果申请资金,必须与中小型企业或者研究机构合作。这确保了项目所研究开发的技术具有实用性和产业化基础。

其中,申请资金主要有自下而上的竞争类资金和自下而上的专项类资金。

自下而上的竞争类资金:申报单位根据自身需要,填写资金申请,通过TEKES的评估,竞争申请资金。此类申请不限制申报领域,对以企业为主体的申报单位全年开放,对以科研院所为主体的申报单位,一年仅有两次申报时间,这也在一定程度上鼓励了企业作为创新主体向国家申请资金支持。

自下而上的专项类资金:这类资金是TEKES根据特定政策指引,明确申报行业和领域的专项资金。这其中包括了3—5年期的专项计划、科学技术创新战略中心(SHOK)计划、针对特定资助行业和单位的小规模战略计划。

（四）国际化交流合作

自加入欧盟后,TEKES通过欧盟技术项目、尤里卡计划(European Program for High Technology Research and Development,简称EUREKA)、经合组织(Organization for Economic Cooperation and Development,简称OECD)能源机构、欧洲科技研究领域合作组织(European Cooperation in the Field of Scientific and Technical Research,简称COST)、欧洲航天局(European Space Agency,简

称ESA)以及北欧合作等多种渠道加强国际科技合作,引进最新科技成果,提高自身科技水平,并帮助企业、研究机构和高等院校寻找国际合作机会和伙伴。

从TEKES的海外布局可见,除了之前设立的6个海外办事机构(美国2个、中国2个、日本1个、布鲁塞尔1个)以外,新近设立的印度和俄罗斯(圣彼得堡)办事处都旨在加强与新兴经济体的合作。另外,为了能够在欧债危机中寻求到出路,TEKES将眼光投向亚洲和非洲的新兴市场,在环境、能源和矿业领域,开始加强与南非及南美的合作。举例来说,南非与芬兰政府的信息与通信技术的双边项目(SAFIPA ICT),以及移动业务建设项目(Mobile Business Building Program)共支持了25个创新项目,其中一些与社会创新相关的项目对于南非周边地区也产生了积极的影响。

TEKES还积极推动建立北欧共同市场,加强与周边国家的科技合作。北欧各国中,目前只有芬兰是欧元区国家,挪威和冰岛还没有加入欧盟,但挪威、丹麦和冰岛加入了北约,各国在各个领域都存在着明显差别。在北欧理事会的协调下,芬兰积极加强同北欧理事会成员国之间的合作并参与了一系列共同的项目和计划讨论,例如建立北欧共同驻外使领馆、建立北欧数字通信网络、北极开发合作等。通过共同合作,力图更积极地参加到国际市场竞争中去。与此同时,以北欧理事会为主体,加强与周边国家,如爱沙尼亚、拉脱维亚、立陶宛等波罗的海国家的合作,共同商讨应对欧债危机的办法并加强能源合作。

除此之外,TEKES与中国有长期良好的合作关系。TEKES十分关注中国市场的巨大潜力,以及中国在科技领域持续加大的投入。其在北京与上海分别设立办事处,充分表明了对中国的重视。过去5年,TEKES对中芬研究合作项目的资助总额翻了3倍,其中以促进双边贸易的工业项目方面的资助为主。目前,TEKES对华年资助额约为1000万欧元。

四、实施效果

创新活动报告指出,TEKES资金链发挥了关键作用,超过80%的受助机构取得了成功。2010—2013年,TEKES资助的中小企业相比其他中小企业,提供的工作岗位增加了20%,年营业额增长了24%。

2012年,TEKES共收到了约2900份申请报告以及1700余次服务查询,其中,获批资助的总金额达5.7亿欧元,涵盖约1640个项目。同时,针对中小型企业的资金大幅增加到项目预算总额的约68%。很多通过TEKES资助的成长型企业,都获得不同程度的成功。企业反馈和评估数据显示,TEKES的资金投入,虽然仅占了企业整体研发投入的3%左右,但有超过80%的受资助企业都成功开展了不同类型的创新活动。项目共产生了1260个新型或改进型产品、服务或流程,以及近1000项专利或专利申请。这些资助帮助中小企业项目年营业额达到约62亿欧元。

2013年,TEKES资助总额为5.57亿欧元,每个受助企业获得的资金从5万到上百万欧元不等。设立30年来,该机构资助的行业从制造业拓展到IT产业,现在更偏重于商业及创意产品。该机构几乎掌控着芬兰的创新命脉,芬兰60%的主要商业创新都有它的参与。其与众不同之处在于:

机构适应能力强——TEKES最初使命是直接刺激特定行业发展,尤其是计算机和通信行业。近年来,TEKES为应对经济发展变化(诺基亚公司财富持续下降)和行业需求(通过与工业界广泛协商而产生的业务需求)扩展了自身的业务能力。

测试不同类型的创新方式——TEKES采用补助或贷款的方式给予公司资金支持,并对国有风险资本基金进行管理。通过采购中小型企业的创新产品和服务、管理大型公私合作伙伴关系等方式,TEKES促进了战略产业的创新发展。

监测和评价过程全覆盖——TEKES支持的项目,其监测过程始于资金介入,终于项目完成,评价过程延续到项目完成后三年,旨在监测项目完成后所产生的长期影响。TEKES还委托评估机构对其整个工作方式以及运行的具体过程进行全面综合评估。

五、在创新体系中的影响

在2016年世界经济组织的创新指数排行榜上,芬兰位列前五,TEKES为芬兰国家的创新所做出的贡献不可磨灭。芬兰创新数据库(Database of Finnish

Innovations,简称SFINNO)显示,在芬兰,62％的创新来自TEKES的投资;83％的案例显示TEKES的支持贯穿于公司初始和发展的整个创新阶段。

(一) 企业创新能力显著提升

在SFINNO录入的近5000个创新活动中,八成以上得到过TEKES的支持,而通过资助获得显著发展的比例则达51％。举例来说,2006—2009年,芬兰约有1902个高增长型企业,它们的发展与TEKES资助的资金密切相关。其中,有超过1/3的制造行业企业、超过1/4的知识服务创新行业企业(含科研、建筑与工程、法律、财务及咨询等)以及近1/2的信息通信行业企业都获得过TEKES不同方式的资金资助。这些企业的年平均营业额增幅在10％以上,年员工增长率则超过20％。

TEKES的项目评估侧重于项目的高质量以及项目发展对芬兰整体经济的长远影响。根据芬兰各个时期经济发展的不同需要,TEKES及时调整资金支持的领域,引导企业有目的地开展技术创新。同时,调查显示,TEKES在更复杂的跨行业创新活动中往往起着领导作用。因此,TEKES拨放的公共资金,对企业技术创新、产业更新发展起着举足轻重的作用。

(二) 企业创新风险明显降低

中小型企业由于本身研发和资金实力有限,更加需要通过TEKES的支持来降低其发展风险。在TEKES成立伊始,仅有约30％的预算资金用于支持中小型企业,而这一比例,在2012年则达到了70％(超过4亿欧元)。其中对于成立时间少于6年的成长型企业,TEKES尤为关注,资金资助总金额在过去的10年翻了近一倍,达到了近1亿欧元。

在TEKES资助的研发项目中,存在30％的失败率,这被认为是可以接受的,毕竟创新就要冒风险,而TEKES则替企业承担了部分风险。即使成功率只有70％,由于TEKES的影响力和威信,凡是其资助的项目,银行和私营风险投资也都会跟进。

TEKES对于挑战性和风险度比较高、周期比较长的创新活动,起到的作用更为明显,突出表现在健康食品、生物材料和能源领域。显而易见的是,无论是早期研发,还是后期产业化,在创新活动的不同阶段,TEKES体现出的作用也都不一样。而不同的职能与作用,对于研发成熟度、产业发展阶段不同的创新项目,也会产生不同的影响。

对于发展迅速的通信产业和生物医药领域,TEKES往往不会套用其固有的专项计划,而是用量身定做的项目来促进其发展。例如,TEKES于2008年启动了"年轻创新企业"专项,截至2010年,已有80%的此类企业获得了不同程度的支持。对于发展较为成熟的行业(如机械工程),TEKES的作用在于激发创新动力,推动行业内企业采用新方法、新技术和新运营模式。

(三)国际合作网络不断扩张

TEKES成为2009年芬兰就业与经济部成立的芬兰工作组的核心成员。其驻海外机构的负责人也同时兼任了芬兰驻海外使领馆的科技参谋。在此过程中,TEKES大力促进与芬兰各个驻外政府机构的合作,从而建立起芬兰全球性创新合作网络,并帮助芬兰与海外建立起强大的商业和科技合作联系。目前,该创新合作网络包括芬兰就业与经济部、芬兰外交部、芬兰贸易协会、芬兰国家技术创新局、芬兰国家研究与发展基金、芬兰国家技术研究中心和芬兰科学院。此外,教育文化部和芬兰工业联盟也可以直接参与活动。通过TEKES在海外建立的强大网络,芬兰得以与国际专家取得联系,得到相关的技术,并积极地为芬兰的商业和研究机构提供新的机会,支持他们的国际化进程。

第五章

以色列首席科学家办公室

中东战争结束之后,以色列政府成立了首席科学家办公室(Office of the Chief Scientist,简称OCS),该办公室隶属于以色列经济部。1985年,以色列国会出台了《产业研究与开发促进法》(通常被称为《1984研发法》),规定了OCS的职能,把辅助以色列科技发展作为促进经济的重要手段,鼓励技术创新和创业,利用以色列既有的科学潜能,增强知识导向型产业发展能力,刺激高附加值产业研发,并鼓励国内、国际之间的各项研发合作。

一、发展历史

OCS正式成立于1968年,是以色列国家创新体系的特色建制,其成立主要得益于一份关于政府科技管理的报告。该报告积极倡导在每个主要部门设立首席科学家,首席科学家对创新项目总体负责,享有一定的经费管理权限。OCS由一群"有企业创新精神的科学家"组成,而不是由一群顶尖技术人员组成。然而,直到1974年,首席科学家办公室才真正发挥创新作用,成为活跃的国家发展机构。

虽然从第四次中东战争到20世纪80年代末,以色列的整体经济形势持续衰退,但科学技术的发展始终势头不减。在这一时期,首席科学家办公室的资源配置、管理模式更为成熟,尤其是其出台了一系列的政策法规,使其管理职能不断完善、机制越来越健全。20世纪90年代以来,创新发展逐渐成为国际主流,以色列的高科技产业迎来井喷式发展。同时,政府大力发展风险投资行业,积极推进金融体系的自由化和私有化改革,逐渐放宽金融管制,并向高科技产业投放大量资金。

1993年,首席科学家办公室成立亚泽马(Yozma)国有风投公司,标志着以色列的风投产业初具规模。当年,以色列风投资金就从1992年的2700美元激增至1.62亿美元。1993—2000年,以色列的风投基金公司从3家增长到100家。苏联解体导致数百万的东欧犹太人移民以色列,其中有大量的科学家、工程师等高科技人才。人口的激增导致社会就业饱和,再加上政治文化等原因,他们很难快速融入以色列社会,也很难找到适合自己的工作,许多人纷纷开始创业。

但这些高科技人才有的不熟悉市场和商业化的规律,有的面临缺乏启动资金和商品推广途径等问题。于是OCS推出孵化器计划,充分利用高科技移民的技术优势,为其提供合适的资金支持和技术环境。政府还审时度势地推行引智计划,邀请外国科学家赴以色列工作,并鼓励科研人员回归。同时,OCS还积极推进国际合作,先后与加拿大、新加坡、韩国、美国等国家共同建立了双边、多边研发基金,如美国—以色列工业研究和开发基金会、韩国—以色列工业基金等。以色列还成为第一个参与欧盟研发框架计划的非欧洲国家,其国家创新体系已基本成型。

进入21世纪以后,随着全球化进程的不断加快,为进一步完善科研体系,推进科技发展,提高竞争力,适应新形势和新需要,以色列政府于2015年决定成立以色列国家技术和创新局(National Authority for Technology and Innovation,简称NATI)。该局逐渐取代了以色列经济部OCS的位置,全面统筹并对以色列各项科技事务行使管理职责。

专栏5-1 OCS和NATI

OCS共有30个固定编制,另有110名行业技术专家和评估专家团队提供技术咨询和项目评估支撑服务,共分为"信息化与软件、电子与通信(技术与设备)、生命科学(医药和医疗器械)、能源和环境、传统技术和其他"5个技术领域小组。首席科学家属于聘任制,由部长提名、任命,一般任期为3年到5年。首席科学家对部长和总司长负责,在制定科技政策、规划和日常管理工作中拥有很大的自主权。工贸部OCS设3个副首席科学家职位,分别协助首席科学家从事科研规划、项目管理和监督、知识产权等事务。OCS不设专门处室,但每项业务按类别分成小组,均有专人负责,分工明确。同时,以色列科技部OCS在科研项目评审时也共享上述专家团队资源。伊扎克·雅库夫被任命为第一任首席科学家,他曾在以色列军队的研发部门担任重要角色,这一身份使他在发展组织战略方面具有优势。在他的管理下,OCS不限制企业的创新类型,仅关注企业是否能创造出科技型产品。

NATI的成立是为了更主动地促进产业技术创新,鼓励增长,提高生产力,使国家政策进一步适应市场的发展。其长远目标是在日益激烈的竞争中保持甚至提高以色列在创新领域的全球领导地位,继续鼓励工业企业增长,为传统领域注入创新活力,加强科研基础设施以及资本和劳动力市场的建设,同时解决部分公共部门高技术劳动力创新不足的问题,并在知识和创新型产业中增加更多的就业机会。NATI通过由政府、行业代表组成的委员会和其下属机构两个渠道将政府的科技政策转化为具体计划,其资金的来源渠道和数量都比以前有了不同程度的增长。各首席科学家仍然兼任NATI下设研究委员会的领导,首席科学家办公室的相关项目、计划、许可等仍继续生效。NATI全面继承、延续了OCS的职能,因此,被称作首席科学家制度的升级版。

目前,以色列政府在科技部、工贸部、农业部、教育部、卫生部、环境部、通信部、交通部、住房与基础设施部、能源与水资源部、公安部、国防部和犹太人大流散部等13个部任命了首席科学家,设立了OCS。OCS下设各种委员会,由各个领域的科学家组成,代表政府帮助社会和企业开展商业研究与开发,为需要实现从成果创新到产品产业化的科技人员提供风险资助,设立国际合作投资基金,为企业提供国际研发合作机会,确保企业发展方向不脱离国际需求。

二、组织管理体系

(一)与政府的关系

尽管OCS对经济部负责,但其运行非常自主。OCS的资助模式发挥了不可替代的作用。OCS资金来自两个方面:一是经济部拨发的财政预算资金,二是从OCS资助成功的项目所获得的使用费(这些资金将用于项目的再投资)。OCS所获得的收入持续增长,从项目预算的7%(1988年)增加到超过30%(90年代末)。OCS紧密贴合政府动向,优先实施政府重点考虑项目,如2013—2014年,以色列政府确立降低原油依赖性的目标后不久,OCS立即对相关项目拨款资助。

随着以色列科研体系的不断发展和创新生态链条的逐渐完善,OCS的分工也更加科学和细化,每个部委的OCS制定本部的政策方针,设置研发任务,公布资助项目,并对地方研究机构行使管理和监督权,同时还负责以色列政府拨发的研发专项资金分配标准的制定、立项批准和资金使用。OCS还为新公司和新项目提供组建方案、企业策划、营销策略诸方面的咨询。

首席科学家制度是以色列创立的科技创新管理模式,其特点主要表现在:

独立于政府——OCS虽隶属于以色列经济部,但享有充分的运行自主权。OCS自由实验,该方式使其能够在自身和政府部门之间建立"高墙"。此外,OCS通过对成功资助的项目收取使用费来获得收入,支撑机构的日常运作。

被动的创新支持方式——OCS历来在确定融资优先级上是不受干涉的。直到最近,研发基金(OCS的主要融资工具)充当了"横向"计划,没有特定主题的优先级,从而让业务优先级来驱动新产业领域的发展。

条件性偿还拨款——OCS财政支持主要来源于条件性偿还补助。它提供了高达50%的项目成本资金(对于初创企业,则为66%),却仅仅从项目中收取使用费来实现商业可持续发展。

(二)网络制度

虽然OCS是非常自主的,但它也与政府各部门合作,提供一些具体的专题方案。例如,OCS正在与科技部合作开发新的空间技术,同时与国防部合作,开发军事和民用产品和服务。

OCS的发展贯彻两大原则:其一,国家各部门和提供的技术保持中立;其二,政府坚信私营企业是技术研发的主要驱动力,是持续支持OCS创新活动和战略实施的先锋。

其在长达40多年的发展过程中,OCS逐渐确立了5大工作内容:研发基金、磁石计划、趋势项目、孵化器计划、国际交流合作[通过成立专属部门以色列产业研发中心(MATIMOP),专门开发并施行国际间的研发合作项目]。

研发基金(R&D Fund):培育、帮助以色列创业公司将理论知识研发转化为可行产品(理论认证)。

磁石计划(Magnet Tracks):旨在鼓励学术研究机构同工业界开展研发合作,促进高科技成果转化。该计划的重点领域是生物技术、光电技术、微电子、可替代能源、材料、信息技术、食品加工技术等。

趋势项目(Tnufa Program):用于扶持萌芽期的个人创业的种子基金。该基金对有潜力的创业项目发放一定资金,并协助个人发明者或新生的创业公司进行项目技术和商业潜力的评估、申请专利、起草商业计划、发展初期业务等。由于这些项目只是一个新奇的想法，缺少实际的商业经验，往往都会被风险投资（VC）拒之门外。而OCS就会邀请了解相关领域的商人、学者和官员，组成一个委员会来做出判断，然后决定是否给予资金。每年，OCS都会收到2000多份申请，其中的60%会被通过。一旦通过，OCS会为每个项目平均发放50万美金的资助，并从注册公司到财务、管理、法务、IT、房屋、物流等各方面聘请专职的职员提供支持。等风投到位后，政府就退出，不再持有任何股份。

孵化器计划（The Incubator Program）：为创业公司提供舒适方便的孵化环境以完成调研、开发和市场化，将技术想法真正转化为现实的商业产品。每个孵化项目为期2年，并能收到OCS的一笔拨款补助（不占创业公司股权）。如果公司成功孵化并盈利，将按3%—5%的低息，分期返还该补助。目前，OCS共认证成立24家孵化器企业，其中22家专注于孵化科技领域初创公司。

国际交流合作（MATIMOP）：专门帮助以色列企业走向国际的部门。其职责包括：利用OCS开展国际研发合作、为企业在国外寻找合作伙伴、为外国公司进入以色列寻找本地合作伙伴、宣传以色列科技、开发战略伙伴等。符合条件的申报企业能享受来自当地政府、以色列政府的研发资金补助。目前MATIMOP已经在江苏、上海、深圳、广东、山东、浙江、香港等地与当地政府成功开展了产品落地研发资助项目。随着时间的推移，MATIMOP对企业的支持不可避免地导致一些部门的发展优于其他部门，造成了发展不均的问题。

专栏5-2　以色列的VC、孵化器

以色列的VC、孵化器主要起源于1991年政府出台的一个扶持计划：如果民营企业家要建立一家孵化器或者早期VC之类的投资机构，政府主导出资其中的85%，剩余15%的资金由民营企业家出资。政府对这些民营企业家的背景、经验、技术出身要求非常高。如果孵化器或投资机构成功了，85%的政府出资可能以非常低的利息被民营企业家收购；如果失败了，政府损失85%，民营企业家只损失15%。因为现在已经形成了完整的生态系统，市场化的资金也出现了很多，因此政府的投入开始逐渐降低。

常规工作以外,OCS还参与开展阶段性的项目,包括1993年开始的著名投资风险分担计划"Yozma Program"。该计划为国外风险投资进入以色列开展投资提供税收激励,同时承诺政府按照1:1的比例参与投资,放大投资额,共担投资风险。这些政策、项目和计划造就了以色列成熟的创投市场、创业生态。

(三)组织结构

OCS稳定发展,从单部门发展到一个拥有约100人、管理大量项目的机构。由首席科学家主管的研究委员会决定获得支持的项目类型。机构委员会由政府和公共部门人员组成,同时从外部聘请大量专家参与项目申请评定。经过内部战略团队对其业务和方案的长期审查,OCS进行了重大改革,重新确定组织的目标和结构。2016年,OCS被NATI替换,并成立了一系列创新中心。

为避免各部门OCS在日常工作中由于专业领域鸿沟和互相缺乏了解所造成的政策偏差、资金投入重叠或遗漏、资源分配不合理等现象,2000年以色列又设立了首席科学家联席会议,由以色列科技部部长担任主席,定期组织各部委首席科学家参加论坛,互相交流。

(四)员工背景

OCS对不同的岗位人员有不同的背景要求。首席科学家属于聘任制,由部长提名、任命,一般任期为3—5年,通常是创新领域、风险投资领域的领导人物,甚至有不少富豪,他们必须在此岗位上全职工作,薪水并不高,但荣誉巨大。大多数处理项目申请和管理资助的工作人员都有公务员背景,高级职称员工通常有企业从业经验。例如,其首席科学家担任者阿维·哈桑,曾在以色列最大的风险资本基金处以及多家电信公司工作过。OCS还委托外部"审查员"评估该机构收到的资助申请,这些不同领域的专家大都与OCS工作相关,往往在学术界、企业界工作过。

三、创新支持举措

（一）科学定位各领域首席科学家办公室职责

在服从国家整体战略的前提下，根据各领域实际情况，每个办公室的具体职责有所不同。以色列经济部的OCS负责政府经济产业研究政策实施，通过技术创新来确保经济繁荣，目的在于利用现有的技术和学科基础，推动以色列的经济发展，通过增加以色列境内高科技产品的生产出口，改善以色列的贸易平衡，最终提高以色列市场的经济效应和世界地位。以色列环保部的OCS通过调研和协商确立科研重点，资助与以色列生态发展和环境相关的科研和企业活动；促进与国际环保研究机构和国际团体的联系，参与相关组织和计划；组织以色列环境保护科学领域的学习、培训和专业研讨会，并加强与学术界、工业界等领域和其他部委的联系；收集国家和国际组织的环境数据等。以色列移民安置部的OCS聚焦于移民就业和教育问题，同时在科研机构、工业和商业部门设立孵化器，帮助具有创新思想和创业意愿的移民获得适当的研发条件。以色列国家基础设施、能源和水资源部的OCS下设地球与海洋科学研究开发部和能源研究开发部等，致力于维护和发展实现政策所需的物力、人力和技术基础设施，同时专注于培训该行业专业人才和鼓励先进产业，并在学术界和工业界持续进行研发资助。

（二）举办首席科学家论坛

由科技部部长担任首席科学家论坛的主席并负责主要的科技决策、协调、规划工作，可有效克服各部门各行其是的问题，防止科技项目的重复投入或遗漏，又可有力促进各部门科技规划、立项、评审工作。

科技部部长同时担任政府的部际科技委员会主席，协调政府宏观科技政策。各部委首席科学家联席会议每1—2个月举行，由科技部首席科学家主持并协调。此外，以色列科技部部长每年还要例行召集各部委领导召开1—2次"以色列科技委员会"会议，研究重大科技政策议题。

（三）自下而上实施创新项目

OCS主要采取自下而上的方式资助。与许多其他创新机构不同，它几乎完全由私营公司发展需求驱动创新，政府历来不会干涉机构设定主题项目的资助资金。OCS目前针对特定行业或专门的社会问题策划了更具体的集资方案。OCS在近50个项目中每年投资约4.5亿美元，旨在使以色列成为高科技企业家的精神中心。它每年支持数以百计的项目，覆盖从早期预案研究到竞争前的长期研发项目。

私营公司一直是OCS项目的主要受益者。OCS重点支持中小企业和初创公司，其财政资助主要采取有偿还款形式：OCS承担项目50％或60％的成本（具体取决于公司的规模），OCS只有当项目取得一定程度的成功后，才收取使用费，尽管这在不同的项目中有所不同。

表5-1　以色列首席科学家办公室主要创新项目

支持手段	创新项目
财政支持	★研发基金：为创新中期项目提供部分拨款资助。 ★传统产业和网络安全产业发展（KIDMA）计划：支持特定工业部门的创新项目，从纺织品、塑料到网络安全解决方案。
非财政支持	★早期种子基金计划（TNUFA）：帮助发明家和初创公司讨论专利申请、建立原型、起草业务计划和业务发展等。 ★青年企业家计划：为年轻企业家提供培训和孵化服务。
中介支持	★技术孵化器计划：承担孵化器贷款，将其早期高风险阶段的创新技术思想转变为可行的高潜力创业公司，如公司成功孵化并盈利，将按3％—5％的低息，分期返还该补助。 ★Yozma基金计划：向内部风险投资提供诱人的税收优惠。
载体建设	★磁石计划：通过促进从学术界到工业界的技术转让，鼓励工业和商业、大学合作。 ★电子论坛：OCS与其他政府机构之间自愿建立伙伴关系，旨在建立国家共同利益领域的研发基础设施。 ★基础和应用纳米技术研究中心：强化纳米器件的设计和制造能力。

（四）重视项目审核和监督管理

OCS对项目的管理主要体现在审核申请和后续监督。首先,首席科学家办公室经研究后公布各领域的优先研发目标,然后接受申请者的申请。申请人通过在线系统向OCS研究委员会提交一份基于相关规定的严格的详细计划,项目必须由申请者本人主持。

研究委员会负责项目审核,由首席科学家担任主席,主要成员由专家学者、资深公务员、公众代表等10人组成,通常包括首席科学家、副首席科学家、3位该领域专家、2位公共代表、2位财政部专家和法定代表人。

一旦项目被批准,研究委员会还将讨论决定项目预算、支持年限等,之后与申请人签订协议并先行拨付部分资金。申请人需要通过提交后续更详细的技术和财政报告来得到其余资助。资助金额要求重点投入研发和制造环节,通常占整个预算的20%—50%(其余部分要求私人资金或风险投资资金匹配),在个别特殊项目中占比高达66%。对项目的评价标准通常集中于技术层面和商业方面,前者主要包括创新度、创意、风险、技术资产、所在地等,后者则集中于潜力、市场、销售、客户、营销、利润、制造、经济效益等。此外,公司的能力和国际合作能力也是重要的考察标准。

项目批准后,OCS将全程监管其研发、生产和销售等过程,企业需定期向OCS提交报告。OCS还要求无论企业做出任何决策都需要报批办公室,对项目变更、企业控股权的转移、与第三方的合作、生产基地的变换、债务重组和破产程序等,都有详细严格的要求。

OCS对不同的企业和不同的资助项目通常会有一些额外的鼓励或限制,以此来引导创业方向,规范企业研发行为和资金使用过程,起到保护知识产权、维护国家利益的作用。例如,最初规定受助项目的专有技术和产品制造权不经允许,不得向国外转让,到20世纪90年代后逐渐放宽限制,还对企业获得的国外研发投资进行一定数额的匹配。OCS还出台了鼓励在非城市中心地区发展工业的长期政策,企业开展工业研发能得到额外10%的政府补贴。

专栏5-3 以色列农业部OCS项目管理

以以色列农业部OCS为例，该部门有正式和兼职员工百余人，主要来自高校和科研机构、创新风投领域、技术推广机构等。OCS是决策机构以色列全国农业科技管理委员会的执行部门，专注于发现和弥补农业研究发展过程中的知识缺口，造福农民、公众和环境。其主要职责还包括：参与制定农业科技发展相关政策；发布农业科研项目索引和资助指南，并监督和评估后续的落实情况；收集、分析和研究各类最新农业科技和农产品，并推广至基层。OCS每年将收到的申请筛选后向以色列全国农业科技管理委员会报告审批。项目立项并获得首批资助后，由该委员会根据OCS提交的年度报告决定是否继续资助。除农业部直接资助的研究项目外，其他涉及农业的科研项目，都由以色列农业部OCS进行统一管理。以色列农业部首席科学家办公室目前的项目主要集中于市场和农村发展政策、食品安全和质量、灌溉和水资源管理、农业生物技术、养殖技术、有机农业、农业对气候变化威胁的应对措施、新产品研发等。办公室还与其他部门合作关注生态农业和林业、生物多样性和基因库、改善农业相关能源使用和生产条件、未来农业的植物功能基因应用等领域。

四、实施效果

OCS在扩大以色列工业研发规模方面发挥了关键作用。OCS投资和支持各种创新活动的精神，向企业发出了一个清晰的信号，即政府大力支持基础研究领域的外部研发。这反过来也促使高水平私营企业增加创新投资，并在企业内部开展更高水平的研发活动。1969—1987年，工业研发支出以每年14%的速度增长，高科技产品出口从4.22亿美元增加到33.16亿美元。

20世纪90年代被认为是OCS影响以色列的一个制高点，遵循1985年的法律，以色列明确了OCS的法律作用和责任。在此期间，OCS持续拨款资助与风险投资部门努力形成合力，促进高科技部门的快速发展，使以色列在全球IT技术中占据重要位置，并催生了大量在纳斯达克上市的IT企业。

纵观20世纪八九十年代，OCS填补了为工业研发提供资金的鸿沟。90年代中期,随着以色列风险投资业的迅猛发展,该行业对资金的需求大幅下降,以色列受助资金的申请数量首次出现跌落。为了应对挑战,以色列需要制定全新的发展战略,使其能够充分迎合以色列当前的经济发展需求,这也是战略制定和进行组织重组时所需关注的重点问题。

2012年,OCS的产业研发经费预算为4亿美元,按人口比例计算,以色列国民每年人均分摊5万美元的民用产业研发经费,此比例为世界之最。OCS每年支持约600多家企业开展1 000个左右的产业研发项目,经费资助额为全部科研经费的20%—50%。大项目的资助比例相对较低,但对地处北部戈兰高地、南部内盖夫沙漠以及加沙边境地区的企业,其研发项目的资助比例可达70%。

第六章
瑞典国家创新局

瑞典国家创新局（Swedish Governmental Agency for Innovation Systems，简称VINNOVA）成立于2001年，是瑞典的国家创新机构，隶属于瑞典企业、能源和通信部，2015年该局有205名员工。VINNOVA是瑞典政府构建创新体制的具体执行者，负责管理和执行国家制定的创新政策，使国家的创新目标变成切实可行的项目。同时，该局负责督促高校和企业开展合作，积极鼓励研发成果转化，全程评估和跟踪投资项目，增强国际合作，打造可持续的创新环境。作为瑞典的政府机构，它的根本目标是通过建立有效的创新体系，资助能够推动商业、社会发展和职工生活可持续发展的研究活动。

对于瑞典而言，创新成功很大程度上是整体协调的结果。VINNOVA作为创新先行者的经验值得我们借鉴。其自我创新的特性和运作遵循的规律主要体现在以下三个方面：

挑战驱动式——VINNOVA发起了"挑战驱动式"的创新概念，即在面对重大社会问题（如健康医疗、教育、气候问题）时，机构需要在风险较小的短期活动和更加长期的活动之间进行权衡，实现跨部门资助技术项目的创新方式，真正提出具有创新性的解决方法。

需求推动式——市场是创新的唯一来源和检验标准，只有可以在市场中使用的创新产品才是有价值的。同时，创新不仅仅是科技创新，VINNOVA探索的是"需求推动式"创新，即统筹考虑所有相关部门（包括研究机构、公私部门、民间社会组织等）的参与者共同制定的发展路线和创新议程，积极关注各行业的诉求，决定创新项目和新举措的实施方向，最终慎重决定资助资金的流向等问题。

跨学科合作式——虽然VINNOVA各部门关注的主题截然不同，但是内部高度协作，它尝试将价值链上的各个参与者（政府、企业、研究机构）联成一体，形成创新群落，其中有80%的资金用于跨部门和跨学科合作上。研究人员越来越多地参与跨学科的项目，如在能源系统开发项目方面，VINNOVA和林雪平大学、乌普萨拉大学、查尔姆斯理工大学和瑞典皇家理工学院的研究团队正在共同研究可持续、节约型能源系统的长期开发。

一、发展历史

VINNOVA 于 2001 年由瑞典国家工业和技术发展局(Swedish National Board for Industrial and Technical Development,简称NUTEK,1991 年成立)、瑞典国家道路与运输研究所、工作组织机构(部分部门)三个机构合并而成,主要在NUTEK原有组织形式上开展活动,同时从芬兰国家技术创新局(TEKES)创新机构的设计理念与项目设定类型中汲取了灵感。作为研究型赞助机构,其主要目标是通过资助和产业需求相匹配的研发项目、建立完备的创新系统来促进经济的可持续发展。

VINNOVA 一直以来都致力于加强政府、企业和学术界之间的创新合作,但是其现阶段更加关注提高公众的创新能力,督促创新者聚焦自身工作重心,倾向于跨部门合作来解决瑞典国家经济所面临的巨大挑战,而不单单关注某一个行业的创新。

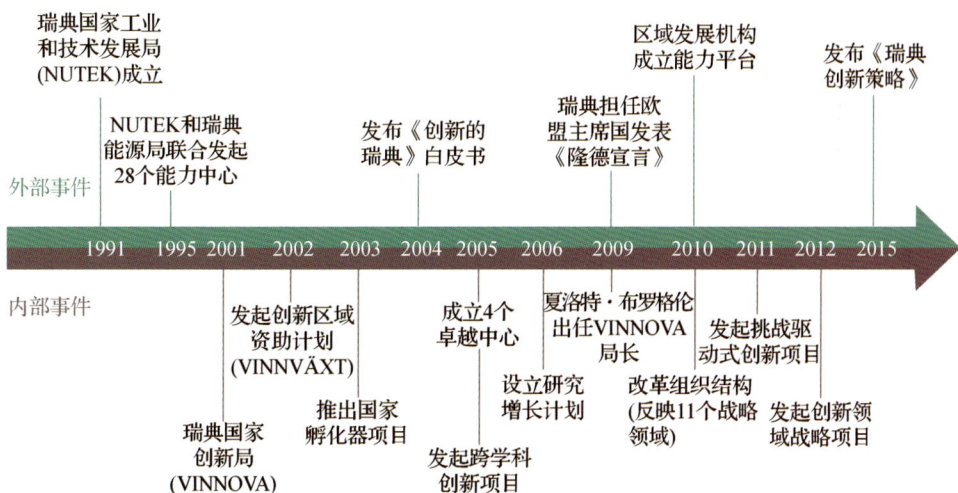

图6-1　瑞典国家创新局发展历史

二、组织管理体系

（一）与政府的关系

VINNOVA是代表瑞典政府进行创新体制研究的机构,与其资助者——企业能源通信部关系密切,但是又与政府相对独立。它每四年调整一次预算,制定的预算和项目报告须交由政府审核通过后方可执行,政府批示项目的同时会下拨约20%的预算经费,仅为创新提供方向上的指引,并不会直接干预VINNOVA的具体创新方式。如2008—2009年瑞典汽车行业一度陷入经济危机,政府通过把控创新方向的方式,鼓励VINNOVA在汽车行业加大研发投入来缓解经济危机。VINNOVA对剩余80%的预算部分则有很大自主性,VINNOVA通常会听取政策顾问的意见来做出决定。

（二）研发资助

VINNOVA每年会投资30亿瑞典克朗促进瑞典创新,大部分资金是通过评比企业、公共部门、其他组织收到的资金申请提案来分配的。VINNOVA也设有专门部门对投资进行监控和评估,并定期报告投资获得的收益情况。

资助方向转向企业。VINNOVA为高校和研发机构提供资金,帮助它们创造有利于产业社会发展的知识成果。过去,VINNOVA在分配研发经费时,对高校的支持力度最大,重点引导它们从事基础性研究工作;其次是资助企业和一些研究院所;最后是其他公共社会性机构。2013年,VINNOVA 44%的资金用于高校,28%用于私营公司,15%用于研究机构。在过去5年中,VINNOVA对企业的资金支持有了方向上的变化,开始更多地关注初创企业,努力帮助小企业步入发展正轨,对企业的资助中高达60%的资助额投向了中小企业。

投资项目范围广。VINNOVA集思广益,对各类型企业、研究机构、公共部门、民间组织的发展计划和具有竞争力的创新议程进行项目资助,每年向11个领域的创新项目投入约20亿瑞典克朗(约合人民币19.2亿元)的资金。

在早期提供资助。由于企业早期创新阶段风险大、项目启动困难,VINNOVA选择在这个阶段提供融资,能够有效帮助企业跨出创新的第一步,为企业在真正能够盈利前提供概念验证、产品测试的试错机会。

支持协同式创新。在不同的知识领域和组织中相互交流,能够跳出固式思维,摩擦出不同的创新火花。因此,促进大学和其他高等教育机构、研究机构、企业以及社会组织的协同合作,有利于提出更有创新性的解决方案。

效益产生重长期。将新知识和新想法转化为成品、服务或生产方法需要时间,进入市场并产生积极影响也需要时间,因此,长期研究和创新投资通常需要花费很多年才能对经济发展产生积极影响。VINNOVA着眼未来,不急功近利,认为其当下所做的工作将会奠定瑞典未来的经济繁荣和社会发展的基础。

(三)组织结构

VINNOVA内部组织结构除董事会、管理部门外,其他部门的设立与其关注的主要领域密不可分。VINNOVA涉及的领域主要有健康医疗、运输、环境、服务、信息通信技术制造、创新管理等。每个领域的事务分属于不同的部门处理。现阶段,各部门开始协同合作,争取使80%的运营资金广泛地提供给不同部门和不同学科。

VINNOVA机构内部也会承担部分分析工作,制定创新战略。该机构没有在瑞典地方设立分支机构,但是在布鲁塞尔和硅谷分别设有两处办事处,主要负责帮助瑞典企业和其他机构获取欧洲国家的研发资金以及与部分发展中国家(尤其是巴西、中国、印度)签订双边研究协议。如瑞典2010年和中国科学技术部合作,主要在生物技术、材料科学和信息技术领域签署了三个科技合作协议。

VINNOVA定期出版书籍、报告和与创新方法有关的刊物。这些出版物总的来说可分为三类:机构信息类,描述机构的工作、政策观点等;年度报告,涉及机构资助项目等;外部出版物,与机构工作息息相关但由外部机构出版的刊物。

（四）员工背景

VINNOVA成立之初就十分关注员工个人的学历和研究能力,近年来愈加注重员工是否具有企业工作经历。当前,具有企业工作经验的员工占其员工总数的30%。值得一提的是,VINNOVA现任CEO在加入之前,拥有在ABB电器公司任职15年的经历,这反映了创新的明显特征——跨机构和跨学科合作。

（五）管理规定

公文:除去一些随手记录、草稿和内部工作记录等,机构内部的正式报告、资金申请书、资金安排决定、机构采购招标等信息均是官方保密文件。公众可以通过登记员申请查看相关信息。当然有一些保密文件无法向公众公开,比如公司具体的运作指引、市场研究和计划、预算、员工薪酬等。

个人数据:机构往往也需要收集个人信息处理具体案例,如个人姓名、身份证号码、国籍、学历、就业情况和联系方式。机构对个人数据的管理依照瑞典数据保护局网站上的个人数据法案执行。

资助资金:根据欧盟委员会2014年的一般区域豁免条例或最低限度援助的条例来提供资金。在为项目提供资金资助时,通常会要求被资助方有一定的出资比例。VINNOVA给予被资助方的资金比例称为资助强度,资助强度取决于被资助方的规模和项目类型,一般来讲,小公司要比大公司获得的资金强度大。

按照最低限度援助条例,每个公司集团本部及其下属公司在3个纳税年度内,最高可获得共计20万欧元的资助金额。对于道路运输领域的公司,在3个纳税年度内,最高可获得共计10万欧元的资助金额。

三、重点资助领域

一是新材料领域。该领域重点资助金属材料、采矿和金属提炼、轻量化、瑞典制造2030、产业IT和自动化过程、智能电子系统、石墨烯、可持续工业发展、"尤里卡集群计划"、增材制造、材料竞争等项目。

二是生物经济和循环经济。生物经济和循环经济是社会经济可持续发展的关键，旨在创新工作方法将问题转化为机遇，用生物燃料替代化石燃料产品。解决方案包括从生产阶段的循环利用到使用自然燃料。在该领域，瑞典国家创新局提出了三大项目：

生物创新项目——以"生物经济"战略创新议程为基础，重点关注林业、化学和纺织行业，旨在使瑞典在2050年以前完成向生物经济的过渡。

战略创新项目——是对有效资源和废物管理的首个倡议计划，旨在使可持续资源、废物管理的新技术解决方案和商业模式成功应用于社会和商业领域，从而影响企业产品、国际标准、生态标签、政策和国民意识。

挑战驱动式创新项目——是一项需要广泛合作才能解决社会问题的举措。该项目与联合国2030议程中提出的17个可持续发展目标契合，资助气候变化、健康挑战、分配不均等一系列问题的解决方案。

此外，应瑞典政府要求，项目也会资助参与生物经济和循环经济合作项目的机构和个人。

三是生命科学领域。加强医疗保健、学术界、产业和利益集团之间的合作对于提高瑞典生命科学领域的竞争力至关重要。其中重要的创新领域包括医疗数字化和生物药物的开发生产。VINNOVA在该领域，主要有三大计划方案：

医疗技术健康项目——旨在帮助填补瑞典当前医疗技术创新体系的空白。方案最大的亮点在于允许患者参与自己的健康护理，以及建立可持续的护理和医疗服务体系。

瑞典生活（SWElife）项目——旨在使瑞典建立独立、有价值的健康护理体系，加大生命科学领域的研发力度，提高瑞典生命科学领域的国际竞争力。

挑战驱动式创新项目——同生物经济和循环经济紧密联系的挑战驱动式创新项目。

四是智慧城市领域。居民可以利用数字化带来的机会共享城市资源，为城市的发展做出贡献。该领域除了挑战驱动式创新项目外还有以下两大重点项目：

智能建筑环境项目——旨在减少环境部门产生的环境影响，缩短规划建设时间,降低总建设成本,促进环境部门创新建造方式。

可持续城市项目——是一项长期计划,该项目认为智慧城市建设是社会可持续发展的必要因素。城市人口比例不断提高,全球70%的温室气体排放源自城市。为解决这些问题,建设可持续城市,需要克服能源气候挑战。

五是下一代旅行和交通领域。为了应对气候挑战,社会需要更智能、高效地利用交通资源,需要实现公路、海洋、铁路和空运的自主和多式联运。重点实施项目包括:

交通工具的研究和创新(FFI)——该项目由瑞典政府和瑞典汽车工业共同运行,资助有关环境、安全的研发和创新。项目每年研发资金约10亿瑞典克朗,其中公共研发资金投入占一半。

驱动瑞典项目——该项目汇集了社会各部门相关领域的主要专家。据悉,当下项目合作方正在共同建立一个新的交通系统,以确保瑞典经济运行稳健,实现交通发展的可持续化。该项目旨在将瑞典定位为自动化运输系统的领导者。

创新空气项目——旨在将瑞典航空航天业营业额从目前的200亿瑞典克朗增加1倍,出口比重由70%提高到90%。针对此项目,瑞典企业、大学、研究机构、产业组织等共同制定了三项创新议程。

瑞典基础设施2030项目——该项目源于2012年提出的全球可投资市场(GIMI)议程,项目将为发展瑞典未来的交通基础设施进行跨界合作。据悉,该项目方案的重点是创新和多学科方法,实现自下而上的创新战略。

四、创新支持举措

VINNOVA致力于通过各研发项目来增强瑞典的知识储备,促进研发成果的商业化,推进研发领域的国际合作。资助与国家产业需求相匹配的项目,是提升VINNOVA影响力的重要途径,比如资助交通运输和环境、医疗卫生、信息通信和服务产业。机构针对不同的产业、群体和需求,对项目进一步细分。无论是大企业还是中小企业,都会成为项目考察的对象。

每年,VINNOVA都会主要以资金资助形式投资2400多个研究和创新项目。

每个项目的周期大约是3—6年,VINNOVA将定期进行审核。项目要求:与产业需求相关、具有战略性、产学研合作开发。VINNOVA最多对每个项目支持50%的资金。具体来讲,每个项目经费的支持标准大约是30万—100万欧元。在瑞典全国研发创新中,VINNOVA管理了约50个创新项目,重点支持应用研究领域。考虑到冗杂的项目安排,目前机构正在努力缩减项目数量,这样才能保证在大型的长期创新活动中投入更多的精力。

VINNOVA将大学和科研机构的基础科学研究与商业化项目紧密联系在一起。在帮助大学从事基础研究的同时,保证研究成果在进一步产业化和商品化时获得充足资金。瑞典政府支持大学及其他科研机构的途径主要有两种:一是直接的资金支持;二是设立相关的基金,由学校和科研机构分别拿出具有竞争力的科研项目进行竞争,VINNOVA从产业和社会利益角度对其进行评估,决定资金的授予对象。

企业自身不倾向于单打独斗,甚至能够与竞争对手合作,通过外部孵化器来进行自我扩张,构建有效的合作网络。这些商业文化,得益于瑞典长久以来在高等教育和基础研究领域的倾力投入,使大量本土成长起来的研发型跨国公司以及完善的科研基础设施成为可循环的孵化土壤。

表6-1 瑞典国家创新局重点创新项目

序号	支持手段	创新项目
1	财政支持	★挑战驱动式项目:机构预算的10%用于发展跨部门的技术项目研发,来解决重大的社会问题。 ★创新检查项目:投资10 500欧元优惠券,用来支持需要获得新技术的中小企业进行创新。
2	非财政支持	★欧洲项目中心:为企业从欧盟计划中获得金融赞助和合作关系提供信息指导。
3	中介支持	★国家孵化器项目:是高增长、高技术和以研发为基础类型的初创企业的孵化器。

序号	支持手段	创新项目
4	载体建设	★流动增长项目:专门为研究人员(博士)设立,由VINNOVA与世界各地的高校、企业合作实施。 ★创新区域资助计划(VINNVÄXT):资助各地区发展竞争性集群(为期10年中每年可获得100万欧元资助)。 ★卓越中心创新项目:该项目由瑞典国家创新局、大学、企业和其他合作伙伴共同出资建立,资源共享。项目同时面向基础和应用科学,确保在前沿知识和技术的推动下产生新的产品、服务和流程。每个中心有一个"负责人",对项目管理起主导作用。

从图6-2可以看出VINNOVA资助计划体系中各项目的明显差异。其中卓越中心计划主要通过产学研资源的整合,推进竞争前技术研发和公关,加快营造良好的研究与创新环境。

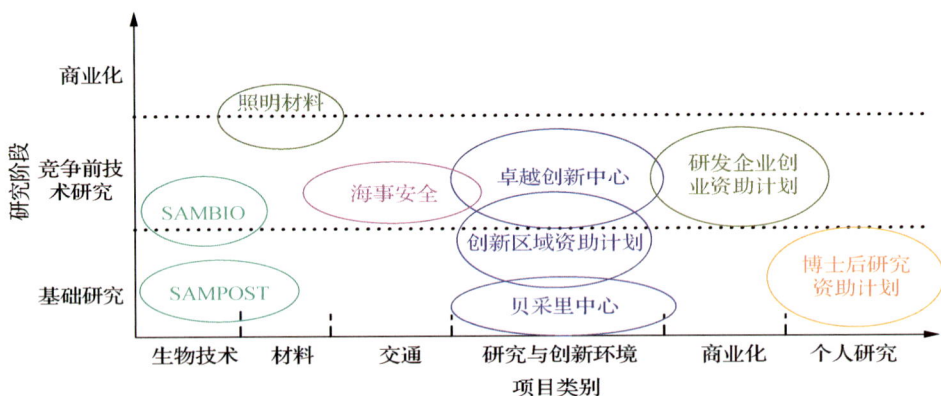

图6-2 瑞典国家创新局资助计划体系

五、实施效果

VINNOVA在监测和评估创新方面处于领导地位,它通常委托外部机构对实施项目分阶段多次评估。鉴于项目实施对经济社会产生影响的滞后性,创新评估机构需要在项目完成后,进行5—7年的后续监测。VINNOVA会依据评估机构的评估结果对项目计划进行调整,如:评估机构如果认为卓越中心创新计划的影响微乎其微,VINNOVA便终止部分计划。外部专家进行专业评估后,机构每年发布两篇综合效应分析报告,从不同视角分析机构从事的所有工作,作为政策讨论和确定内部发展框架的参考依据。

自成立以来,VINNOVA资助的各行业项目总数已超过2400项,每年投资近3亿欧元。2014年,VINNOVA收到的项目申请数比两年前多出60%,这反映了瑞典企业和研究人员对于创新活动表现出越来越浓厚的兴趣。

六、创新系统的影响

由于瑞典创新支持系统中有不同类型的参与者,VINNOVA时常会与其他组织机构合作制定创新方案。因此,我们很难精确度量出VINNOVA对瑞典创新的具体影响,尤其是在它尚无正式的组织指标或绩效考核指标的情况下。但该机构仍然被广泛认为是创新项目实施的成功范例。2012年一份经合组织的报告称,VINNOVA的强大竞争力归功于它的两大法宝——自我反省和自我调整的能力,同时还指出预算偏少的问题可能阻碍了它在创新活动中发挥更大的作用。

VINNOVA是产业研发方向和产业政策的调控者。通过VINNOVA,政府持有产业研究机构的股份。VINNOVA资助的研究机构类型,正由以科研人员兴趣为导向的基础研发机构转变为由政府少量持股、以需求为导向的研发机构。在政府的支持下,瑞典通信、生命等领域的公司领导着该产业在全球的最新发展方向。此外,VINNOVA还从企业和公众需求入手,主动发起项目,交由研发工作者开展以市场需求为驱动的研究工作。这样,政府、研究机构、企业之间形成紧密的合作与交流,相关政策与法规能够鼓励创新,并以完善的风险资金制度保障了创新者的利益。

通过对项目评定结果的汇总,VINNOVA认为,通过支持具有发展潜力的领域(包括微电子、运输、生物技术等),它不仅对瑞典创新体系起到了关键性作用,而且对国际创新也具有不容小觑的影响。2009年,在担任瑞典欧盟轮值主席国期间,VINNOVA发起了"挑战驱动型创新"项目,通过了隆德宣言,倡导将欧盟的研究和资金集中用于全球所面临的重大问题方面。自2011年以来,VINNOVA更加倾向于通过跨部门来解决创新疑难问题,如健康医疗、可持续发展等。这同时也激发了像创新英国、TEKES 等其他机构的创新热情。

VINNOVA 的成功经验尽管值得借鉴，但任何单纯的模仿终究难以拥有持续的生命力。我国类似的组织机构只有重新审视并重塑自我，才能在创新中从探路者转变为引领者。

附件 6-1：

卓越创新中心（VINN Excellence Center）

VINNOVA 当前研发的核心力量是卓越创新中心项目（VINN Excellence Center）。该中心是能力中心项目（Competence Centres Programme）的延续。能力中心项目实施于 1995 年，最初由 28 个中心组成。卓越创新中心由国家创新局、大学和企业共同建立，一般以一所大学为所在地，周边大学也参与进来，鼓励商业部门、公共部门、大学、研究机构和其他研究组织合作，从事基础研究和应用研究。

2010—2012 年，VINNOVA 要求所有中心以年度报告形式汇报各自运行情况。在卓越创新中心的每一个发展阶段，VINNOVA 均会对其创新活动进行国际评估。VINNOVA 对旗下 18 个卓越创新中心 10 年来分阶段提供资助，对单个中心的投资额最高达到了 6300 万瑞典克朗。总的来看，每个中心的研究活动在 10 年间至少会使用 2.1 亿瑞典克朗的经费。

卓越创新中心拥有自己的管理委员会，主要由企业代表组成。每个中心预算在 10 年间投入 2300 万欧元，其中 700 万欧元由 VINNOVA 提供，其他则由企业、大学出资。VINNOVA 仅为各方参与者提供一个基础性合作框架，并在初期帮助他们处理知识产权问题。卓越创新中心具体从事国际尖端研究，在世界各地与最优秀的创新团队合作，这对于瑞典及国际型大公司非常具有吸引力。卓越创新中心同时还创立了一部分以研发为重点的新公司，它们具有很大的市场潜力和增值潜力，创新积极性很高。

表6-2　各中心2012年成果概况

事项	具体成果
生产卓越中心	支持合作伙伴改进或完成158项产品、服务或流程,并在2012年发放三项许可证; 4个中心协助成立8家公司; 9个中心的32项专利正在申请; 出版748份刊物,包括133份与公共部门或同行业的联合出版物,52人拥有博士学位,21人持有执照
跨学科合作创新	来自国内和国际的75名商业人士参与过公司的领导能力建设的公司; 12个项目不在各自中心的协议范围内,由全部或部分不在协议范围内的企业资助
产业界和学术界合作研究	2012年有33名中心研究人员受雇于商业部门; 公司、公共部门和大学研究人员联合出版133份出版物
国际工作	56名海外访问研究人员在中心工作; 24个欧盟项目与中心相关联

表6-3　18个卓越创新中心简介

中心名称	依托载体	从事领域及合作方
AFC-抗糖尿病食品中心	隆德大学	开发创新的食品概念,以降低糖尿病的风险和后果。该中心将为食品设计开发知识库,以减少肥胖、糖尿病和心血管疾病的威胁。这涉及食品设计过程和具有预防胰岛素抵抗综合征的潜在食品提供新的知识。合作方包括瑞典的食品生物技术公司(rcam AB)等
BIMAC创新中心	皇家理工学院	致力于开发新的生物纳米复合材料以及探索阻碍林业部门发展的技术,主要包括生物纳米复合材料、结构木部件和纸浆产品领域,力争在林业部门发展环境友好型材料。合作方包括霍尔曼(Holmen AB)、瑞典淀粉生产商等
生物材料和细胞治疗中心	哥德堡大学	目标是探索包括干细胞在内的生物成分的新领域,以便瑞典能够在再生医学的科学发现、产品创意、临床治疗方面走在国际前沿。例如,该中心为缩短治疗过程,将开发植入物和假体新材料,同时开发材料植入体内前后的评估方法。合作方包括瑞典增材制造公司(rcam AB)等

续表6-3

中心名称	依托载体	从事领域及合作方
ECO2车辆设计中心	皇家理工学院	该中心开发设计工具,用于生产空气阻力较小的轻型车辆,相比当下车型,更加安静、易操控。合作方包括斯堪尼亚、沃尔沃、萨博汽车、庞巴迪交通、A2音响、理工学院、复合材料、瑞典国家道路与运输研究所、瑞典交通管理局
可持续通信中心	皇家理工学院	该中心为声音和图像通信领域的研发提供了一个多学科平台,作为中介服务,主要开发旅行和交通替代方案的方法,活动汇集了媒体技术、电信、信息技术、运输系统、环境战略、社会科学、建筑和设计等专业知识。合作方包括瑞典内陆城市经济协会、区域规划办公室、期货研究所等
天线系统卓越中心	查尔姆斯理工大学	主要研究天线、信号处理、移动通信、科学计算、生物医学工程和电磁辐射的生物效应。合作伙伴包括Ascom Tateco、爱立信微波系统、伟创力组件、Geveko工业、天之河医疗、贝尔罗斯、QAMCOM、博福斯、爱立信航空航天公司、索尼爱立信、圣裘德医疗和泰利娅索尼拉
法斯特实验室-功能性产品创新中心	吕勒奥理工大学	该中心开展了强有力的创新性研究,公司通过产品开发、计算机模拟和分布式计算等方法协助产品早期开发,从生命周期的角度更好地了解产品性能。合作伙伴包括沃尔沃航空、沃尔沃汽车等
功能性纳米材料中心	林雪平大学	该中心的工作包括探索纳米结构多功能应用,针对下一代工具的超硬表面处理、轴承和电触点的低摩擦涂层以及化学和生物传感器等。合作伙伴包括阿尔斯通电力公司、福特汽车公司、冲击涂料公司、爱雍邦德瑞典公司等
千兆赫兹中枢中心	查尔姆斯理工大学	该中心对基于高频技术的无线通信和传感器系统进行研究,例如移动通信和雷达技术。工业合作伙伴包括爱立信AB、萨博汽车、瑞典SP技术研究所、恩智浦半导体、欧姆尼斯电子设计技术公司和三菱电气

续表6-3

中心名称	依托载体	从事领域及合作方
HELIX-精神医疗中心	林雪平大学	促进学习、健康、创新间"良好流动性",流动性指中心内部、外部的人员和创意的流动,试图创建来自不同学科、不同组织间研究人员的合作。合作者包括瑞典社会保险机构等
HERO-M-工业材料中心	皇家理工学院	从事与工业相关的材料研究,通过多尺度计算方法以最少的成本和时间获得材料所需的性能。中心面临最大的问题是改进基本方法,使其适应工业用途,并利用这些方法在工业环境中开发材料。工业合作伙伴包括法国艾赫曼高速钢、H_gan_sAB、奥特昆普不锈钢、山特维克工具、寺库工具、热力学计算软件(Thermo-Calc)软件和乌德霍姆工具
智能纸张和包装中心	皇家理工学院	在光纤包装和纸卡中,开发了生物医学传感器、能源供应、计算和无线通信的核心技术,用于智能生物纸、药物的智能包装与保存、患者的智能监测等创新产品。合作者包括毕瑞、Korsn_sAB、Note AB、Catena AB、赛尔、Ambigua Medito、Skibar和Polyscorp
移动生活中心	斯德哥尔摩大学	该中心与计算机科学、交互设计、社会学和心理学研究人员以及游戏设计师、艺术家、舞者和时尚专家合作进行跨学科研究。他们的研究预计会创造出新的移动应用、基于传感器的应用、智能游戏、移动混搭服务、新的移动媒体、技术平台等。合作各方包括爱立信、桑内拉电信、微软研发中心、诺基亚等
蛋白质技术卓越中心	皇家理工学院	该中心基于瑞典人类蛋白质源(HPR)项目,在蛋白质技术领域与以生命科学为导向的瑞典公司合作研发。合作伙伴包括综合体公司等
SAMOT——交通研究中心	卡尔斯塔德大学	以服务和市场为导向来改善公共交通。该中心的研究活动分为三个不同的主题:框架或规则、服务提供和旅行者体验。该中心的合作者包括瑞典内陆交通、瑞典公共交通、斯德哥尔摩交通、瑞典威立雅交通、哥德堡市(移动服务)和哥德堡有轨电车

续表6-3

中心名称	依托载体	从事领域及合作方
SUMO-超分子生物材料结构动力学和特性研究中心	查尔姆斯理工大学	该中心关注液体扩散和流动的材料结构的重要性。合作方包括阿斯利康等
温泉实验室高效产品实现中心	查尔姆斯理工大学	该中心在四个战略领域从事研究:系统建筑与信息管理、产业设计、坚固的设计与变异仿真、虚拟工厂及其自动化。研究试图通过新产品研发和为社会问题提供解决方案来提高工作效率。合作部门包括沃尔沃汽车公司等
无线传感器网络中心	乌普萨拉大学	研究的重点是将传感、数据处理和通信集成到一个传感器单元中,管理和生成传感器单元中的能量,使传感器网络能够自配置、免维护长达10年时间,并能以安全的方式连接到互联网。合作方包括瑞典通信研究实验室、瑞典国防研究局、瑞典计算机科学研究所等

第七章

创新英国

作为科技创新发展较为迅速的国家之一，英国政府的政策方向在近几十年间发生了很大变化——从科学政策转变到技术政策，再从技术政策转变到创新政策。而现在，英国将开放式的创新政策作为主要政策方向，意图通过开放式的创新以及知识的共建去应对社会经济层面的挑战。

为了能够全面贯彻落实开放式创新政策，更好地支持创新，维持英国在全球研发与创新领域的主导地位，完成2027年研发投入达到GDP的2.4%的目标，英国政府在2007年对下属机构进行了调整，建立了新机构"创新英国"。它是英国创新系统中的一个基本组成部分，目标是实现企业、科研、金融机构间的资源共享和协同创新，努力为科研人员、科研机构以及企业创造开放式的创新环境。该机构通过建立目标导向成为一个服务性的国家创新组织。

一、发展历史

创新英国的前身是技术战略委员会。该委员会成立于2004年，是英国教育与技能部的下属部门，主体是由企业家和公职人员组成的咨询机构。该委员会旨在为英国的经济发展做出中长期规划（期限为3—10年不等），通过创新拉动经济增长。它是促进英国工业与高校院所新兴技术融合的机构，其专业性和敏锐性享有较高的国际知名度。2006年，政府更加重视技术创新，将对技术战略委员会的定位从政策咨询转变成一个具备执行能力的非政府部门公共机构，并由内阁重组后的商业、企业和管理改革部，创新、大学与技能部共同领导。随后政府又对委员会进行了第二次改革，更名为创新英国，其主要宗旨是凸显国家创新组织的作用和功能。该机构现在由合并后的商业、能源与工业战略部领导。

创新英国作为非营利性公共服务机构，其目标是通过在创新体系中的知识共享、技术转移和合作研究来推动科技创新的发展，实现英国的经济增长。无论在规模上（由最初的30人发展到现在超过300人）还是在目标定位上，创新英国都在不断发展壮大。虽然它最初只负责小部分由其他机构所管理的项目，但其管辖范围随后逐步扩大，目前包括小额担保项目、知名扩大计划、百万英镑示范项目、欧洲和国际活动的体制建设设想和方案等。

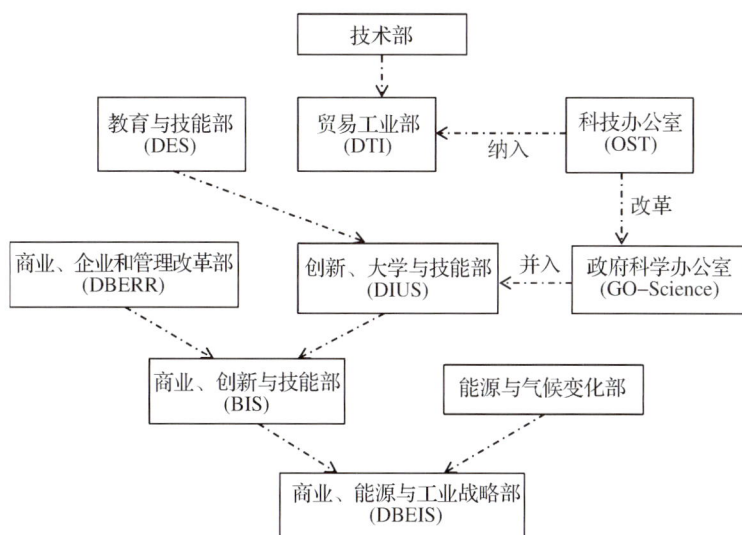

图7-1 创新英国领导机构的发展历史演变

凭借自身的任务职责及业务倾向,创新英国通过降低与企业合作的风险、促进和支持创新来推动经济增长,在企业与合作伙伴、客户和投资者之间建立纽带联系,企业和机构将想法转化为成功的商业产品和服务。其职责具体包括:为创新与研究的企业和机构创造优越的创新环境;为需要创新的企业提供支持,并帮助企业能够顺利参与到政府资助的项目中;帮助企业加速科技成果的转化;挖掘具有创新潜力的领域并进行投资;支持高校与机构进行科技创新研究,提高研究成果的转化率;洞悉技术创新开发过程中出现的问题,并提出解决办法或建议。此外,机构预算也不断增长。自2007年以来,创新英国已经投资约25亿英镑(来自商业、英国研究委员会和其他来源的资金)来帮助企业创新,对应的行业项目总价值超过43亿英镑。其中2011—2015年期间,有超过10亿英镑的资金通过创新英国被分配和投资出去。自从创新英国接管了一些以前由区域发展机构管理的资助项目,2015—2016年创新英国获得了额外的1.85亿英镑的资金。此外,该机构已经帮助8500个组织或机构创造了约70000个工作岗位(平均每个公司9个)和约180亿英镑的经济价值。

二、典型特征

从创新英国的发展历程与职能来看,其体现出以下几个明显的特点:

(一) 全方位的管理职能

在创新英国成立之初,其前身——技术战略委员会的组织定位仅是政府的咨询机构。随着英国政府对技术创新工作的进一步重视,创新英国不断加强创新活动与国家目标的紧密结合,推动以应用目标为导向的基础研究,将教育、创新、技能与能源、工业进步、环境保护和气候变化等国家战略发展部门进行整合与重组,创新要素被统一到一个部门,实现了创新的统一管理。在这种管理模式下,创新英国的职能范围不断扩大,逐渐从战略和咨询职能扩展到执行、协调和服务等多种职能。

(二) 完善的技术创新体系

为了促进科研成果的转化,创新英国通过成立技术与创新中心(TICS)等方式加强企业之间、企业与高等院校和研究机构之间、企业与政府之间的合作研发工作,通过知识转移合作伙伴计划等方式增强专业技术人员和研究人员的流动,从而实现了知识、技术与信息等资源的快速传播和流动,以此推动创新体系的有序发展。2010年,英国出台《技术与创新中心报告》,旨在投入2亿英镑以建立一批新的技术与创新中心,打造科技与经济紧密结合的技术创新体系。目前,高附加值制造业、细胞疗法、海洋可再生能源以及卫星应用等领域的多个技术与创新中心已成功落地,每个中心关注的领域都是具有战略意义且能够使英国在国际上获得竞争优势的研究领域。

表7-1　各技术与创新中心的使命

序号	技术与创新中心	使命
1	细胞与基因疗法技术与创新中心	通过帮助全世界的细胞与基因治疗组织将早期的研究转化为商业上可行、可供投资的治疗方法,来推动该产业发展

续表7-1

序号	技术与创新中心	使命
2	化合物半导体应用技术与创新中心	加快复合半导体设备在医疗保健、数字经济、能源、交通、国防和安全领域的运用
3	数字技术与创新中心	增加数字企业的数量,发展英国的数字经济
4	能源系统技术与创新中心	帮助英国企业建立能够满足未来供需的能源系统
5	未来城市技术与创新中心	推动与智慧城市发展相关的科技成果转化,促进城市、企业和大学合作开发商业化的城市整合系统解决方案以满足城市未来的发展需求,促进城市生活质量的提高,促进经济增长和环境保护
6	高价值制造技术与创新中心	有助于加快新概念的商业现实,从而为英国的高价值制造业创造一个可持续的未来
7	药物发展技术与创新中心	提高药物研发和批准数量,增加英国商业药物发明发现能力,使英国成为全球领先的新产品开发与推广地
8	海洋可再生能源技术与创新中心	减少海洋可再生能源产业改造成本,减少提高英国经济效益的成本
9	精准医学技术与创新中心	提高英国在特定领域的创新能力,推动未来经济发展
10	卫星应用技术与创新中心	通过太空开发促进经济增长,帮助组织利用卫星技术并从中获益,汇集多学科团队在开放的创新环境中产生想法和方案
11	交通系统技术与创新中心	推动英国智能移动发展取得全球领导性地位,发展综合、高效、可持续的运输系统,促进经济的健康和可持续发展

(三)面向市场的定位

创新英国的定位是非政府的公共组织,相较于政府部门,它具有更加充分的灵活性与创新性。创新模式的改变和科技类中小企业的崛起使得创新英国将工作重点逐渐转向了中小企业。为了更好地加强中小企业与创新英国间的联系,创新英国提供了整合的"一站式"服务模式。创新英国在实体办公及网络访问环节都提供了一站式的服务,还针对自身服务模式开发了一套专属的App应用程序,供需要服务的企业与个人进行下载与使用。在各个新兴领域内,创新英国通过各类资助项目、竞赛来进行干预和引导,以实现对创新领域和创新环节的整体影响。为了成为企业值得信赖的合作伙伴,创新英国着眼于招聘具有工业背景或拥有技术特长的员工。这种潮流是自上而下产生的,甚至该机构最高管理人员的候选对象已转变为具有工业背景而非公务员背景的技术型人才。

(四)政府的内部创新

创新英国鼓励政府在采购过程中能有更多创新。2001年,英国开始实施小企业研究计划(Small Business Research Initiative,简称SBRI),当时,该计划由英国贸易工业部主导,由英国小企业服务局(Small Business Service,简称SBS)负责管理,通过政府采购方式让英国中小企业参与到政府的研究计划中。之后,由于该计划的实施效果不佳,2008年英国政府又对该计划进行了一次改革,并将此计划归由创新英国的前身——技术战略委员会进行管理。改革的重点主要有以下六个方面:一是公共部门必须加入SBRI计划;二是各部门在提出采购需求的时候应考虑实际可行性,提出具体要实现的目标,由中小企业开发相应的产品或技术;三是SBRI计划经费分两个阶段投放,从而降低风险;四是合作需要以商业合同的形式进行,而不是一次性奖励或补助;五是对于企业的规模不作明确限制;六是SBRI计划服务于特定产业部门的产品和技术需求,其资金不能用于人文学科研究和咨询工作。改革后的SBRI计划获得了显著成效,2008年以来,该计划已经帮助70多个政府机构通过创新来应对公共领域的挑战和提高竞争力水平,并获得了2000份合同订单,价值超过2.7亿英镑。

三、组织管理体系

(一)与政府的关系

作为一个独立执行的公共创新机构,创新英国主要的资金来自其赞助部门——商业、创新与技能部(Department for Business, Innovation and Skills,简称BIS)所分配的资金。创新英国实行部长负责制,以更好地实施其战略。它与BIS在战略和业务层面上密切合作,BIS的官员和创新英国高层之间定期举行会议

（包括与创新英国的首席执行官和主席举行部长级会议），对创新英国的发展战略和交付计划进行咨询。创新英国也与其他政府部门合作，特别是通过小企业来研究如何优化公共采购计划。同时该机构与英国贸易投资署共同资助企业实施海外创新项目，并与优先合作伙伴（包括中国、印度、巴西等）联合研发和联合管理合作项目。

（二）机构网络

创新英国的工作重心定位于商业。它的内部组织机构（由近期重组的项目团队组成）根据候选项目目标领域，与该领域业内专家和其他方面专家广泛协商后，对项目目标领域具有决定权。创新英国与英国研究委员会在技术商业化方面密切合作。未来，创新英国与这类机构可能会进行整合重组，这种合作关系将会得到进一步的加强。

（三）组织结构

目前，创新英国约3/4的工作时间用于战略和项目分配工作，剩余的1/4则用于运营管理、项目评估和业务的进一步拓展。当前创新英国没有分支办事处，但在苏格兰和英国其他地区设立分支办事处的计划已经在筹备之中，分支机构不久将会遍布海内外。该机构于2014年在布鲁塞尔成立了办事处，通过"展望2020计划"和TAFTIE创新机构网络积极与欧洲等国际伙伴展开合作。

（四）员工背景

创新英国规定员工应具有企业工作经验或特定技术专长，而不是从政府机构简单借调的政策专家。这个政策针对的对象自上而下，例如机构首席执行官应当在商业和产业领域有较长时间的工作经验。创新英国有一个小型非执行董事会，由产业界、学术界和政府机构的代表组成。董事会成员是公开招聘的，其主要职能是对发展策略、支出和人事等方面进行决策。他们虽然在日常工作方面（如组织预算）的参与度不高，但会参与年度投资组合方面的决策。

四、创新支持举措

（一）支持中小型企业发展

创新英国的资金、连接和支持性服务是为满足具有强大增长潜力的创新型中小企业的需求而量身定做的，旨在协助各个行业或技术领域的中小型企业寻找他们所需的支持，以及鼓励能够促进企业转型和挖掘经济增长潜力的想法。2017—2018年，受到创新英国资助的中小型企业占该机构总资助对象的72%，共接受资助1551次；该机构资助中小型企业的总资金额达32.5亿英镑，占对外资助总额的51%。例如，2010年，高级材料制造商沃萨润公司只有2名员工在一间车库中工作，但在获得英国创新基金后，该公司开始迅速发展。目前，该公司在英国已拥有4家分公司，共105名雇员，并于2015年在伦敦证券交易所上市。2017年，该公司接到了一份订单，它是"世界上最大的石墨烯订单"之一，从橡皮筋到飞机、消费品和服装部件，几乎都会用到这份订单所订购的产品。

2018年3月，为促进中小型企业研发成果商业化，创新英国启动了新的资助计划，即通过举办创新竞赛的方式为英国中小型企业提供研发贷款，竞赛奖金总额达1000万英镑。创新英国的全资子公司以贷款的方式资助竞赛中的技术攻坚项目，为符合条件的项目提供10万~100万英镑的贷款。项目申请人需要针对竞赛划定的主题范围提供高质量的有关开发新产品、流程或服务的项目计划，且信用达标，具有投资回报能力。项目最长期限为10年，其中研发期最长为3年，商业化路线规划期最长为2年，还贷期最长为5年。

（二）推动企业主导的创新

2018—2019年，创新英国管理超过11亿英镑的补助金（其中26%的补助金由其他机构提供）。补助金的数额会根据业务或项目的需要而定，通常每个项目持续1~3年，需要的补助金在5万~200万英镑之间不等。一方面，创新英国通过产业战略挑战基金（Industrial Strategy Challenge Fund，简称ISCF）与企业进行合作研发。创新英国设立了ISCF，致力于为能够提高英国经济收益的关键技术研发提供帮助。该项基金由英国研究和创新部门管理，由创新英国和研究理事会实施。

在它的资助下,世界级的研究项目和商业投资汇集,致力于解决英国核心产业和社会方面面临的挑战,以期最终开发出能使现有产业提档升级或创造出新产业的技术。这项基金能够成功解决政府在产业战略方面提出的四大挑战:人工智能与数字经济、未来自动化、绿色增长与社会老龄化问题。另一方面,创新英国只会资助企业的最佳创意,而不受企业的资质、规模等条件的限制。资金由创新英国的公开计划提供,用以支持任何规模、任何行业的英国企业进行创新,创新想法可以来自任何技术或产业。因此,公开征集方案的举措补充了通过ISCF提供的针对特定产业的补助,大大激发了企业创新的热情和动力。

(三)多样化的资助方式

截至目前,创新英国对企业的补贴资金主要来源于公司和其他组织机构投标的非偿还捐赠计划。近年来,大约2/3的经费被用于更加开放和市场需求更紧迫的项目,剩余的经费则面向竞争力驱动的领域。继2016年重组以来,创新英国新设了4个部门,专注于关键领域的企业创新,这些关键领域主要包括:新兴技术、健康和生命科学、基础设施建设以及制造业和新材料等。2016—2017年,创新英国85%的创新资金被投资于以上领域,其他领域企业则可以通过开放式竞争来获得资金支持。

创新英国的资金主要用于私人研发。2014—2015年,84%的资金被用于私营组织机构,14%的资金被用于高校和非营利机构,只有2%被用于公共组织部门。创新英国创立之初的主要服务资助对象是大型企业,但是近年来由于机构发展战略的转变,60%的资金被用于资助中小企业和初创公司。

表7-2 创新英国主要创新项目

序号	支持手段	创新项目
1	财政支持	单一的融资机制,允许企业竞标资助和提前签订商业合同(未来还会有其他类型的创新融资模式) 财务支持体现在以下几个方面:新技术和服务的开发与成形,理论验证和市场化验证;购买特定的专业理论知识以帮助企业克服某些挑战;企业与其他研究机构或公共部门的合作伙伴合作研发项目
2	非财政支持	为资助企业提供咨询服务、培训指导以及网络共享等 ★欧盟和国际项目:帮助英国企业通过"展望2020计划"获得资金,并与其他国家建立伙伴关系;为英国企业提供参与海外培训的机会

序号	支持手段	创新项目
3	载体建设	★知识转移合作伙伴关系:计划将新合格的毕业生安排在企业参与到具体的战略项目中 ★弹射中心:其专业中心网络的宗旨是促进英国企业、科学家和工程师之间的合作,以解决技术挑战和帮助联合后期研发项目 ★知识转移网络:团队合作将不同部门、不同学科和技能联系在一起 ★创新和知识中心:由学术研究中心与英国研究委员会共同管理,促进新兴产业研究和技术领域的加速开发

(四)建立合作伙伴关系

在过去的10年内,创新英国已经掌握了行业专业知识,形成了对创新前景的战略性理解,开发和部署高效的系统和流程,致力于实现成功的、企业主导的创新。此后,创新英国便可利用这一能力帮助其他政府机构推动创新,以解决各方面的挑战。就工业竞争力而言,该机构在这一领域的专业能力处于全球领先水平,例如国家级的互联和自主创新中心(Centre for Connected and Autonomous Vehicles,简称CCAV)和2018年推出的"政府技术催化剂"(GovTech Catalyst)。创新英国也会对其合作伙伴进行战略性支持,调控他们之间的创新竞争,其合作伙伴包括航空航天技术研究所(Aerospace Technology Institute,简称ATI)、先进推进中心(Advanced Propulsion Centre,简称APC)、低排放车辆办公室(Office for Low Emission Vehicles,简称OLEV)、卫生和社会保健部等。创新英国将企业与匹配的合作伙伴聚集在一起,拉近他们之间的关系,并且提供开展资助竞赛所需的系统以及监测和评估创新项目的方法。另外,上文中提到的小企业研究计划(SBRI)主要由创新英国实施,为企业提供一种直接为潜在的首个客户开发创新产品和服务的方法。企业从客户(通常是公共组织部门)那里获得设计创新的开发合同,客户则在最终购买创新产品之前向企业提供机会,让其测试和证明其创新的可行性。

(五)引入专家和高端设备

创新英国建立的弹射器网络中心,实现了英国研究成果商业化能力的大幅提升。10个弹射器网络中心的建设(包括细胞与基因治疗、化合物半导体、数字、能源系统、未来城市、高价值制造、药物发现、近海可再生能源、卫星应用、运输系统等）是一项帮助企业创新和成长的长期投资。客观来看,弹射器网络将行业参与者聚集在一起,使他们能够建立空前紧密的合作伙伴关系。弹射器网络中心有助于企业提高对政策和监管问题的理解和认识,使企业更易于与政府合作制定推动创新的政策。例如,先进的弹射器网络中心能够与食品标准局、民航局和环境局等政府机构开展广泛的合作,还能帮助英国企业获取尖端设备以防企业不得不花费额外的成本到海外使用这些设备。此外,弹射器网络中心还会雇用企业所需的高质量专家。

（六）完善的协同创新机制

协作创新是贯穿创新英国工作的主题。经验表明,在合适的时间获得合作伙伴适度的支持可以带来很大的不同。作为英国研究和创新的一部分,创新英国与各研究委员会的同行以及研究领域和行业领域中的一系列合作伙伴密切合作。创新英国与研究理事会联合资助的知识转移合作计划,将企业与大学、研究机构和应届毕业生联系起来,使企业能够引入新的技能和最新的学术思想,通过基于知识的伙伴关系更好地完成特定的战略性创新项目。创新英国还为具有商业潜力的学术研究团队提供支持计划。2018年,国际本科生研究大会项目已扩展至3家供应商:埃克塞特大学合作组织、贝尔法斯特女王大学和华威大学。

英国创新知识转移网络将企业和创新者联系起来,通过协作推动创新。通过建立联系、组织活动和交付业务,帮助企业寻找合作伙伴、资助者,并培养企业的市场洞察力和解决方案的能力。创新英国还拥有一支驻其他发达国家或地区的团队,他们与当地企业、机构以及更广泛的区域合作伙伴（如"北方引擎"和"中部引擎"）一起工作。这种协作确保了英国在创新战略和投资等方面的统一决策。

五、实施效果

随着时间的推移,创新英国试图在其监测和评估方法上更加系统化。2013年创建的小型内部团队,使评估流程更为透明。评估流程初步包括对企业进行评估调研,以及使用计量经济学方法来评估研发机构的投资组合。虽然创新英国很难创造出一套能够对机构创新项目进行考核评估的全面的绩效指标,但是它的确对英国社会经济发展做出了不可估量的贡献。

对创新英国发起的六项主要创新项目的量化评估数据表明,自2007年以来,该机构已联合投资了超过7500家企业,为英国经济贡献了大约75亿英镑的投资,创造了5.5万个就业岗位。然而,不同项目的投资回报率并不平衡。例如,合作研发项目效益的87%仅来自被投资项目总数的5%。机构应当对那些发展潜力大、亟须被解决的问题或急需帮助的机构给予各种支持,而不是仅投资低风险、成功率高的领域。

六、对英国创新系统的影响

尽管创新英国仍然是处在其发展初期阶段的创新机构,但从当前它所取得的成效来看,对英国企业的创新能力具有积极导向作用。

2013年BIS的一份调查报告显示,该机构正在为处于市场体系薄弱环节的企业或缺乏良好市场机制地区的企业提供资助,并推动这些企业发展成为能够独立运营的组织机构。英国下议院科学技术委员会对改进英国研究商业化的调查中也得出了类似结论,该调查同时建议增加创新英国的投资预算,以满足商业需求。

需要强调的是,创新英国建立的技术与创新中心在很大程度上解决了商业化过程中的市场失灵问题。技术与创新中心的项目经过近几年的实践,已取得良好的进展,也日益成为英国创新系统中重要的组成部分。技术与创新中心在整合企业和政府资源、撬动产业投入、解决信息不对称、帮助企业融资以及引导产业开拓新兴市场等方面切实发挥了自身的作用。当然,技术与创新中心良好的运行机制和模式的创新也是其取得成功的重要保证之一。就目前的趋势来看,英国政府对技术与创新中心的项目给予了高度的重视,后期将会持续加大对该项目的资金投入。

当前,创新英国在为企业提供资金和与国内科研基金的合作方面进行了颠覆性的战略调整。该机构将在其现有成就的基础上,继续为企业创新提供有效支持,同时适应经济变革。以上这些方面都将左右它在未来几年对英国创新体系的影响。

第八章
美国国防高级研究计划局

美国国防高级研究计划局(Defense Advanced Research Projects Agency, 简称DARPA)(原名为"高等研究计划局",简称DARPA)是美国国防部下属的一个行政机构。自1958年成立以来,DARPA始终坚持一个独特而持久的使命:为国家安全开展关键突破性技术投资。DARPA负责研发军事用途的高新科技,加强国内外安全,为全美提供一个全球导向性的军事战略优势。DARPA没有自己的研发设备,它通过技术开发、科研管理、金融投资、文化及基础设施支撑来支持其他研发组织,推动美国国防科技创新,使创新真正付诸实践,转变为现实生产力。

一、典型特征

(一)独特的组织文化

DARPA具有崇尚冒险的组织文化,锁定了许多高风险、高价值、高收益的项目,始终将精力放在对未来的探索上,确保创新成果的不断涌现。只要项目成功之后所产生的潜在突破对于未来发展足够重要,他们都愿意去承担风险、承受失败。与此同时,DARPA也会从失败的项目案例中总结经验教训,为未来新技术的研究提供"前车之鉴"。

(二)周期性的轮换制

DARPA通过周期性轮换职员来不断获取外部的新鲜血液,带来外界的各种创意和项目信息,从而使工作充满活力。DARPA的项目经理和办公室主任任期为2—5年,他们都是从学术界或产业界"借调"过来的,在有限的任职期限内可以发挥自身优势。对于一些来自企业的应聘者,DARPA可以优先雇佣他们工作一段时间,且不必走固定而烦琐的聘用程序。这一模式能够更好地激发下属员工的积极性。所有项目实施都是在限定的时间内集中资金、人才等各方面有效资源进行的,以此确保产出成果的高效性和准确性。

(三)自由的组织机制

尽管DARPA是美国国防部的一个下属机构,但为了能够及时发现和把握新的机会,美国国防部赋予其自由雇佣人员和签订合同的权利。第一,DARPA在革命性的研究过程中自己承担风险、享受成果,拥有较强的自主性和独立性;第二,项目官员可以自主地管理所负责领域内的相关技术项目,不受美国国防部的干预;第三,每个确立的技术项目的资助数额都由DARPA的主任拍板敲定,国会几乎不会加以干涉。这一自由的组织机制模式,使各技术项目得以更好地实施。

二、发展历史

与许多其他创新机构不同,DARPA的主要任务是保持美国军队的技术优势,投资具有突破性的国家安全技术。尽管其投资的技术领域已经发生了改变,但这一举措已经持续了半个多世纪。

DAPRA成立于1958年,隶属于国防研究与工程署,是美方对当时苏联成功发射世界上第一颗人造卫星"斯普特尼克1号"的回应。这一惊人技术让美国不得不采取措施,最终推动其创建了DARPA。DARPA成立最初的重点目标是研究国家战略性优先项目(如太空项目、核项目和弹道导弹防御项目等)。20世纪60年代,在将这项工作转交给各军事服务机构(陆军、海军和空军)和美国国家航空航天局(NASA)之后,该机构的研究领域逐渐开放,开始在更广泛的技术领域探索。在20世纪70年代和80年代期间,DARPA专注于能源问题、信息处理、战略技术和与飞机有关的项目。目前,其主要研究领域集中在复杂军事系统的开发、信息和生物技术的运用以及增加在物理和量子工程技术上突破的可能性。

因而,DARPA肩负着使美国军事科技保持领先优势的使命,大力从事超前的国防科技研发。美国的目标是借助这一机构的成立成为全球技术革命的发起者和领导者。DARPA与政府内外的创新者合作,多次完成了这一使命,研发了许多革命性的技术,甚至将看似不可能的东西转化为了现实。最终,DARPA的成果不仅涵盖了足以改变大国之间游戏规则的军事技术,如精密武器和隐形技术,还包括了现代社会中所推广的互联网、自动语音识别和语言翻译技术,以及全球定位系统接收器等。

三、组织管理体系

DARPA通过高效的组织架构、灵活的制度设计以及专业的研发团队等打造了本国的技术领先优势。

（一）与政府的关系

DARPA独立于其他更常态的军事研发，直接向美国国防部高层负责，每年直接向美国国防研究与工程部部长助理汇报年度工作。该机构预算金额约为30亿美元，约占国防科技支出总额的25%。DARPA的预算方案是国防授权法案的一部分，但国会几乎不去干预该机构的预算和项目，而且DARPA在其他部门中也有很大的自主权。DARPA在许多联邦法规中拥有特殊豁免权（如免除税收额等），运作机制也比较特殊（如运用承包商）。这种特殊性确保了他们可以在项目运行的过程中针对各种不同的问题状况迅速做出回应，并在必要的时候改选优先项目。

（二）创新生态系统

DARPA明确寻求的是变革而不是渐进式的前进。DARPA并不是孤立地进行技术的研发，而是在一个良好的创新生态系统中运作。该系统包括大学、企业、政府和公共组织等合作伙伴。它高度聚焦于美国军事服务，为其创造新的战略机会和战术选择。为了提高新技术的利用率，DARPA还与合作伙伴在国防部科学技术社区开展密切合作。几十年来，这个充满活力的、由不同合作者组成的、连锁的生态系统，已经被证明是DARPA所要培养的具有高度创造力的创新环境。

（三）扁平化的组织架构

DARPA拥有一个扁平化且又灵活的管理机构，主要由6个技术项目办公室和5个职能办公室组成，组长则是最高行政首长。一方面，这种扁平化的管理模式可缩短决策流程。技术项目办公室彼此完全独立，享有完全的自主决策权，这有利于激发项目经理的潜能，创造良好的创新环境。另一方面，这种管理模式可以灵活调整机构设置,每个技术项目办公室的确立完全由战略规划的需求决定,随总体战略进行调整,并在仅有两个管理层级的平台上操作,保证信息与决策的迅速流动和传递。该机构的6个技术项目办公室约有220名员工,其中包括约100名项目经理,共同监督约250个研发项目。项目经理对DARPA办公室主任及其代表(负责制定办公室技术指南、雇用工作人员以及监督项目进展情况等任务)负责,向其汇报工作。此外,技术工作人员还会得到安全、法律与合同、财务、人力资源和通信方面专家的资助。这些技术人员使项目经理能够在相对较短的任期内完成项目。

(四)高度的授权机制

DARPA寻找既具有技术专长又拥有项目管理技能的专家——项目经理,并给予其较高的自主操作权。DARPA不遗余力地寻找、招募和支持优秀的项目经理——他们都是各自领域的佼佼者,渴望有机会突破自己学科的极限。这些领导者是DARPA成功历史的核心,这些项目经理来自学术界、产业界、政府机构、军事机关以及私人实验室,他们通过创建多学科团队来开展项目。他们任期有限,一般为3—5年。这个期限使得DARPA迫切需要在比传统设定的合理时间更短的时间内取得成功。长期以来,该机构以定期任用拥有较高水准的项目经理而闻名,项目经理全权负责项目团队成员的招募、技术管理等方面,在项目经费使用方面也有高度的自主支配权。项目经理可以自由进行具有高风险和前瞻性的研究,DARPA局长不会干预各个技术项目办公室的日常工作,只负责战略性的规划与协调,保证整个机构能够按既定规则行事。此外,组织内部具有很强的身份意识,其良好的历史声誉吸引了高水平的项目申请人。

(五)项目团队

与传统项目团队相比,DARPA团队成员的灵活性更强。正因如此,它能够从更广的范围以更快的速度招募到更有才干的科研人员。项目团队的组成具有较强的灵活性,根据技术问题和新技术难点的出现随时快速调整。这种机制使得DARPA能够为一个项目招募来自5个国家30个机构(包括大学、系统集成商以及零配件供应商)的40余名世界顶级的科研人员,从而在不到6个月的时间里解决大部分的重要技术瓶颈。相对于长期雇佣来说,DARPA的"临时团队"的组成方式无疑更加高效。

四、创新支持举措

作为一个政府研究机构,DARPA既没有研究所,也没有实验室,更没有厂房和研究设备,然而它却通过手中的巨额资金来调动和吸引大批科学家,在各自的实验室和研究所为美国国防科技创新开展创造性的研发工作。

(一)瞄准未来需求,探索具有颠覆性潜力的新技术

DARPA着重于投资由应用目标驱动、受社会需求牵引的科研领域,注重感知未来的潜在需求。其对某些新技术的研究往往比其实际应用提前数十年。DARPA在2013版战略框架文件中指出,其主要使命是为具有战略影响作用的研发项目(常伴有高风险)提供资金,通过保证美国在关键技术领域的领先优势维护国家安全利益;其四大投资主线分别为颠覆性的新系统技术、多层次多技术的作战概念、适应性强的系统和解决方案以及打破敌我双方成本平衡的创新。如在颠覆性军事技术方面,DARPA采取了"创造需求"式的创新模式。这种创新模式的实施步骤依次为:军事需求开发(在充分调研的基础上,找出现在与未来会有哪些军事需求)、基础科学探索或技术原理攻关(在确定了军事需求的基础上,对相关的技术开展仿真与实验)、武器装备研制(经过仿真与实验,并将突破后的技术成果运用到武器装备的研制上)、推销军事需求(将通过新技术研制出的武器装备推广到具体的军事实战中)。与一般情况下的创新有所区别的是从最开始对于军事需求的开发到最后对于军事需求的"推销"。因此,DARPA的预研更强调与市场、政府军队,甚至是敌对方的沟通与交流,即它采取的是一种更为主动的创新模式。

(二)资助高风险、高价值、高收益项目

高风险、高投入产出比,是DARPA的项目投资理念。为了维持这一发展目标,

DARPA 鼓励首创,同时容忍失败,逐渐形成了正视风险、管理风险、敢于承担风险的机构文化。特别是在颠覆性军事技术方面,这一点表现得尤为鲜明。DARPA 的职责在于研究分析高技术在军事应用上的可能性,资助具有潜在军事价值、风险大的新技术,弥合基础研究和最终军事用途之间的差距。

一方面,DARPA 突出的成绩与其容忍失败的创新态度是分不开的。如 20 世纪 70 年代的"通灵者间谍计划",当时美国为了研究心灵感应和心理运动(用思想影响客观事物,比如用思想移动物体)应用于间谍领域的可能性,不惜花费一切财力与精力,结果自然是因为技术失败而造成了计划下马、资金损失的局面。对于颠覆性军事技术的创新发展而言,重视其研制结果是无可厚非的。但是,如果过分聚焦于其成败,所取得的也只能是某一点上的成功,放置历史长河,也只会是短暂的、平庸的结果。DARPA 鼓励冒险,但该机构如何确定哪些风险后果是值得去承担的呢? DARPA 前局长乔治·海尔迈耶精心设计了一套名为"海尔迈耶问答(Heilmei-er Catechism)"的流程,以帮助该局官员思考和评估拟议中的研究项目。最重要的是,DARPA 坚持开展一切研究计划的前提是必须拥有一支优秀的团队和智慧的头脑,否则任何一个研究计划都不会开展实施。

表 8-1　四个主要战略投资领域

序号	战略投资领域	简介
1	重新思考复杂的军事系统	为了在当今瞬息变化的形势下加快突破性军事能力的开发和集成,DARPA 正在努力使武器系统更模块化,更容易升级和改进;确保在空中、海上、地面、空间和网络领域的优势;改善定位、导航和定时(Positioning, Navigation, and Timing,简称 PNT),而不依赖基于卫星的全球定位系统;加强对恐怖主义的防御。
2	掌握信息爆炸技术	DARPA 正在开发新的方法,利用强大的大数据工具从海量数据集中获取洞见。该机构还在开发技术,以确保做出关键决策的数据和系统是可信的,比如自动网络防御能力和创建从根本上更安全的系统的方法。DARPA 正在解决日益增长的需求,即在不丧失适当获取网络数据所带来的国家安全价值的前提下,确保各种需求下的隐私。

序号	战略投资领域	简介
3	利用生物学作为技术	为了充分利用神经科学、免疫学、遗传学和相关领域的技术突破,DARPA在2014年创建了生物技术办公室,这为该机构的创新、生物基础项目组合带来了新的动力。DARPA在这一领域的工作包括加速合成生物学的发展、超越传染病的传播速度和掌握新的神经技术。
4	拓展技术前沿	DARPA的核心工作一直是克服看似不可逾越的物理障碍和工程障碍。一旦DARPA发现这些令人畏惧的问题其实是可以解决的,就会将这些突破所带来的新能力直接应用到国家安全需求中。DARPA在拓展技术前沿领域保持着发展势头,正致力于通过应用深度数学实现新的能力;发明新的化学物质、工艺和材料。

另一方面,颠覆性军事技术的创新发展与DARPA"强调信任"的创新精神也是彼此关联的。人们之所以关注DARPA,除了它所带来的颠覆性技术成果,更重要的是其紧随时代的战略眼光与超乎寻常的创造能力。相较于传统上的项目研究机构,DARPA授予了项目经理与项目研究人员较大的自主权利。当研究人员对某一项目产生一个大胆的想法时,他可以将这种想法平等地与同事或者项目经理交流;而项目经理也能够将"头脑风暴阶段"所形成的成熟概念有效地传达给DARPA局长,并争取他的支持。一旦这一方案得到批准,便能在很短的时间内转化为一个实际的项目。此外,DARPA每年25%的项目管理人员更换率,也从某种程度上避免了官僚主义的滋生,彼此的共同兴趣使得这种信任关系更加纯粹与持久。

(三)坚持创新至上,对事不对人

在DARPA中,创新几乎没有门槛。项目经理有快速进入其他新领域的自由权,即使新的研究可能不会在适当的时间内产生成功的结果,只要其项目具有新颖性、创造性、实用性,也可以为其提供资金支持。这种做法一方面解决了项目实施的资金需求,另一方面也提高了创新的动力。在DARPA内部,最常常听到的一个词语就是"改变世界"。DARPA的主要责任,是不断发现从事"未来"研究工作的人才和新思想,并加速向"现在"转移。其工作重心不是现有技术的逐步改进,而是技术的革命性创新。

（四）支持项目技术商业化

DARPA的主要受益者是军队,他们应用成功项目所带来的技术。然而,该机构还致力于其项目的实用性,以寻找商业机遇,因此也积极与大学、企业和政府机构合作,使其技术向商业化和产业化方向发展。

表8-2　美国国防高级研究计划局主要创新项目

序号	支持手段	创新项目
1	财政支持	★竞赛奖励:寻找紧急技术挑战解决方案的资金激励。 ★小企业创新研究(Small Business Innovation Research,简称SBIR)项目:为小企业提供参与由联邦政府资助的研发机会。 ★征求建议书:由DARPA用于授予奖金和合作协议。
2	非财政支持	★ENGAGE计划:促进教育和培训更好、更快、可持续发展
3	中介支持	★年轻员工奖(YFA)计划:识别和发展与DARPA或美国国防部(United States Department of Defense,简称DoD)的需求相匹配的正在成长的学术研究人员和项目开发程序。 ★服务主管研究员计划:3个月研究奖金计划,涉及优秀军官和政府官员。
4	载体建设	★"提案日":组织有关最新创新消息或广泛机构公告(Broad Agency Announcements,简称BAA)即将发布的信息的会议。

五、革命性的科技创新

在过去几十年中,DARPA直接或间接负责的无数科技创新——从隐形飞机到GPS,再到现代互联网的前身ARPANET——改变了许多人的生活。DARPA这一美国"军工"混合体目前依然拥有相当多的资金。这些资金都被投入科技研发当中。在其研发的项目中,这里重点介绍10个能够为世界带来革命性改变的科技创新(见表8-3)。

表8-3　十项革命性创新技术

序号	技术名称	简介
1	"小魔怪"和"海蛇怪"无人机	★"小魔怪"采取蜂群战术,成群出动围攻敌方战机,干扰敌方战机通信和雷达,使敌方战机飞行员不知所措。 ★"海蛇怪"可以装载或挂载多艘潜射型体积较小的无人机,悄悄接近目标海域,然后发射出搭载的无人机,遥控其执行侦察或打击任务。 ★不论是空中还是水中,"小魔怪"和"海蛇怪"的原理都是由无人机再搭载无人机,这种子母无人机组合一旦成功,将使美军的战术发生重大改变。
2	超越GPS	★GPS依赖于原子钟,根据相对论,时间在快速移动的轨道卫星上比在静止的地面钟表上要快一点点。 ★DARPA则希望改进原子钟,利用纳机电系统谐振器和钻石中的NV色心制造出接近标准量子极限的、更加精确的电子钟,这将使得GPS定位更加准确,且抗干扰能力更强。 ★DARPA还希望开发出能够完全取代GPS的系统。这些替代方案包括脉冲激光器,利用类似商业卫星、广播信号灯等非常规参考点进行定位。一旦成功,相应技术很快会被应用于民用通信和导航领域。
3	XS-1航天飞机	★XS-1航天飞机是无人驾驶型的,能够利用最少的基础设施来垂直发射,可加速到10倍音速或更快速度,抵达低地轨道,释放1400千克重的有效负荷,然后返回地球,降落在一个标准跑道上。 ★XS-1实验性航天飞机项目目前的研发重点在于改进火箭系统,在航天飞机抵达低地轨道后,再以超音速把其他航天器送入太空。 ★这一研发过程将带来新技术的发展,使得访问太空变得越来越容易,不但在军事方面潜力巨大,而且拥有广阔的民用和商业前景。
4	爵士乐机器人	★爵士乐需要即兴创作,这可以帮助科学家教会机器人在面对结构性问题的时候如何进行分析和"思考",以便更好地应对紧急情况。 ★未来目标是这些机器人能够毫不费力地和人类音乐家一起演奏。这种技能也正是未来战场所需要的。

续表8-3

序号	技术名称	简介
5	现代真空管	★在半导体已经无法工作的温度条件下，真空管依然能够工作。 ★相比固态电子器件，真空电子器件能够以更高频率和更短波长来运行。这意味着能够创造更加"响亮"、更抗干扰的无线电信号，同时能够开发利用此前未能利用的波段，缓解当前无线电和微波通信的拥挤状况。 ★该项目的最终目标是开发出新的真空管制造技术，并且可以与3D打印技术相结合。
6	捕食病毒的细菌	★利用捕食性细菌治疗由生物武器或耐抗生素病原体引发的细菌感染。
7	叙事网络	★旨在推出"叙事"，并使得它们呈现严格的、透明的、可重复的方式。 ★能够进行定量分析的"叙事"对于人类的思想、感情和行为产生了强大的影响，对于安防来说意义特别重大。 ★在解决冲突和反恐这两种任务中，至关重要的是检测潜藏在由故事激发的同理心背后的神经反应。
8	能量自给战术机器人	★该系统以植物性生物质为能源，配备一个大钳子和一把电锯，能够剪草，收集树枝、纸张、木屑等作为绿色能源。 ★可以使用常规能源，例如柴油、汽油、重油、煤油、丙烷、煤炭、食用油、太阳能等。 ★目的是为了让其能在战场上直接支持作战部队，提供负重（武器装备、后勤补给等物资）、伤亡人员转移等服务。 ★它还是一个便捷的移动电源。
9	恢复活跃记忆回放	★旨在寻求一种更好的方式使得个人能够记得"情节记忆"和学会技能，也就是开发出一种途径去增强对陈述性记忆和程序性记忆两者的回忆。
10	暗网搜索引擎Memex	★主要是为了帮助政府和执法机关搜索特定的条目或关切内容，以获得比商业搜索引擎所提供的更有用的搜索结果，从而能够聚焦于人口贩运和毒品交易等事宜。 ★终极目标：使其成为先进的网络检索和抓取工具，像人工智能和学习型机器人一样行事，目标是能够用自动化方式在互联网上获取任何内容。

六、未来战略重点

迄今为止,DARPA已经发展了60多年。该机构工作的最终目标是在国家安全能力方面取得重大进展,而DARPA在这方面的创新是其他机构无法比拟的,如精确制导弹药、隐身技术、无人系统、先进的情报监视和红外夜视技术等。这些技术都促使美军作战和取胜方式发生了显著的变化。与此同时,这些军事能力背后的使能技术——新材料、导航和计时设备、专用微电子、先进网络和人工智能等为私营部门投资奠定了基础,这些投资远远超出了军事战场这一范围,创造了改变人们生活和工作方式的产品和服务。为了进一步扩大影响,DARPA和其他国防部机构正在利用这些复杂的商业产品和服务来维护国家安全,确保军事优势。DARPA展望未来60年的发展,承诺将继续在影响力大的技术领域做大胆、能够承受风险的投资者,这样美国就能成为第一个开发和采用这些新技术的国家。DARPA对维护国家安全这一职责使命,在国会的持续支持下,在广泛的科技生态系统合作伙伴的支持下,最终它将取得成功。2018年以来,特朗普总统发布了《国家安全战略》(*National Security Strategy*,简称NSS),马蒂斯部长发布了《国防战略》(*National Defense Strategy*,简称NDS)。这是美国非常重要的两份文件,它们与DARPA的发展方向有着密切的联系。NSS、NDS和DARPA战略的共同主题是关注基于威胁的任务场景。为了应对国家安全面临的无数威胁,DARPA正在基于四个重点领域努力发展新的、革命性的能力。

(一)保护美国免受存亡威胁

加速新技术开发以应对新的威胁是DARPA维持良好而活跃的创新周期的根本原因。随着美国创新生态系统的进步,该机构开发突破性技术的方法也在不断发展。DARPA正越来越多地利用私营商业部门非凡的创造力和速度,并添加政府开发的定制组件,以创建比世界其他任何地方都更精确和强大的专门军事工具。保护国土不受各种威胁需要发展全新的能力,包括发展网络威慑能力、生物监视和生物威胁防御技术,以及感知和防御大规模恐怖或毁灭性武器的能力。例如,或许没有任何一个国内安全威胁能超过核或放射性"脏弹"爆炸的威胁。目前的传感器可以探测到高辐射放射性物质,这些物质可能是此类大规模恐怖装置的信号,但由于体积太大、成本太高,无法广泛部署来充分保护一个城市、地区或主要交通枢纽。DARPA 所实施的六西格玛(Six Sigma,简称 SIGMA)已经成功研制出高质量的手持式辐射传感器,其尺寸相当于一部普通智能手机,成本仅为当今设备的一小部分。SIGMA 不仅开发了这种硬件,还开发了实时监控数千个移动探测器的软件——在核材料被纳入恐怖分子的武器之前,这是一种识别核材料移动的基本工具。DARPA 与华盛顿特区的官员合作,于 2016 年在关键的交通枢纽和全市范围内测试了这种设备和网络系统,涉及 1000 个探测器。试验表明,该系统能够融合所有传感器提供的数据,从而对每分钟核威胁产生的态势进行感知。DARPA 与美国国土安全部密切合作,一直在多个地点部署 DARPA 开发的技术。此外,DARPA 正在考虑扩大 SIGMA 的能力,将其威胁检测范围扩展到其他有害元素,如化学物质、爆炸物、生物和放射性物质等。目前,由于已知竞争对手一直在开发高超声速武器,意图挫败美国的导弹防御,DARPA 必须了解并建立针对这些能力的反制措施。与当今的集中式、昂贵且过度扩展的单片系统相比,DARPA 必须启用"系统体系架构",因为这种架构能够更好地抵御攻击,且开发成本更低,升级速度更快。

(二) 为美国军队提供帮助,以在大规模冲突中遏制和战胜水平相当的对手

冲突场景包括欧洲的"替身(stand-in)"场景和太平洋地区的"对峙(stand-off)"场景。在欧洲和亚洲遏制和战胜同行竞争者需要新的思维。美国不可能再在所有情况下都占据主导地位,但它需要在某些情况下具有高度的致命性。这种致死率需要让同行竞争者猝不及防。为此,实现跨越陆地、海洋和空中领域的优势是重要的,但空间和电磁频谱也同样重要。美国需要在所有疆域分解作战资产,并专注于开发可提高杀伤力的迅速响应选项。为了给对手提供令人震惊的作战场景,从而在内部制造困境或完全打乱他们的作战计划,首先必须打乱我们内部作战布署,并在海陆空各个领域提供自适应杀伤力。由于大型单片平台的设计和构建比较复杂,采购成本太高、开发时间太长,技术上大部分也都过时了,因此 DARPA 需要寻求一种新的非对称优势——通过利用动态、协调、高度自治和灵活架构的力

量,将复杂性强加给对手。

(三)更有效地从事维稳工作

DARPA 的使命是超越现在,着眼于未来。形象地说,它的工作好比是查明未来可能致使现今安全轨道发生弯曲的技术的进展,而这些进展在今后几年可能会破坏该国享有的稳定以及在同一时期可能加强国家和全球稳定。为稳定局势,需要美国士兵努力的是在当地消除威胁并展示实力。作为一个拥有大量技术手段和专业知识的机构,DARPA 把关注并全面改善作战人员的表现视为一种道德义务。在全球范围内有效地开展维稳工作,至关重要的是要求美国军队在不同的环境中更好地进行不同的维稳斗争,提升解决灰区冲突和平息三维城市规模战争的能力,以及利用交战前开发严格和可靠的模型来预测敌对行动。当前,美国仍然在与全世界的恐怖主义和叛乱运动作斗争。DARPA 需要开发出支持在城市环境中作战的技术。

(四)努力促进基础研究的发展

DARPA 的宗旨是把"不可能"变为"可能",不断推动基础研究发展。可以说,没有任何其他机构有这样的使命,即致力于那些极有可能产生真正革命性新能力的项目,或者极有可能失败的项目。事实上,DARPA 的一大专长就是通过风险管理来寻求高回报,并且保持创新渠道的畅通。DARPA 将探索新的基础研究成果,这些成果有望影响国家安全,比如阿帕网和蓝线。这些基础技术领域之一是先进电子技术,DARPA 多年来一直在阿凡达计划中扮演着关键角色。DARPA 需要继续赢得21世纪重要的技术竞赛——人工智能、先进微电子、合成生物学、神经技术、新型计算技术,而且要对社会科学有更深入的了解。DARPA 需要率先了解这些新技术,告知政策制定者这些技术可以怎样被投入应用,并将它们用到保卫美国这一途径上。美国国防高级研究计划局在科学和技术方面的基础研究是其所有宏伟目标实现的基础,也是使其具备前所未有的能力的原因。

该机构基本研发投资的最终目标是确保美国作战人员获得最先进的技术。DARPA 资助的一项"人工智能探索机会",这项技术提供"跨越式"的解决方案,以应对当前和未来军事准备在多个作战领域面临的具体挑战。

第九章
日本产业技术综合研究所

日本产业技术综合研究所（National Institute of Advanced Industrial Science and Technology，简称AIST），是日本一家公共研究机构，主要发挥技术创新平台功能，在不断刺激新兴产业的同时，将重点放在为世界提供实际利益的研究上。它在促进工业创新方面发挥了积极作用，经过百年发展，已经成为全球领先的创新研究机构。

一、AIST的使命与历史

（一）使命

AIST是日本最大的国立研究机构之一，主要聚焦创造和推广对日本经济和社会发展有用的技术，发挥从技术创意到商业化的桥梁作用。AIST的使命是"实现一个人人都可以享受富裕的社会"，致力于在与自然和社会和谐相处的健康方向上发展关键科学技术（详见图9-1）。在AIST工作的所有成员都秉承对社会的使命和责任，通过研究和发展工业科学技术，为实现繁荣社会作出贡献。它具体通过以下几个方面践行这一理念：

了解社会趋势和需求。AIST努力了解从地区到国际社会的各种规模的社会趋势和需求，与外部组织合作，迅速提出问题，并提出基于科学和技术的解决方案。

尊重知识和技术创造。AIST尊重每个科研人员的自主权和创造力，通过合作展示他们的集体力量，并通过高水平的研究活动创造新的知识和技术。

研究成果回馈社会。通过学术活动、智力基础设施建设、技术转让、政策建议等，AIST将广泛的研究成果回馈社会，为日本产业的发展做出贡献。今后还计划通过信息传播和人力资源开发，努力促进科学和技术大规模应用。

不断提高自身素质。AIST注重改善自身素质和工作环境，以便有效地履行职责。AIST尊重法律精神，重视培养合规意识，并保持高道德标准开展工作。

（二）历史

AIST是一个独立行政法人机构，于2001年4月成立，主要由原属于通产省的日本工业技术院与全国15个国企研究机构合并而成。2015年4月，它又转为"国

构筑可持续发展的社会

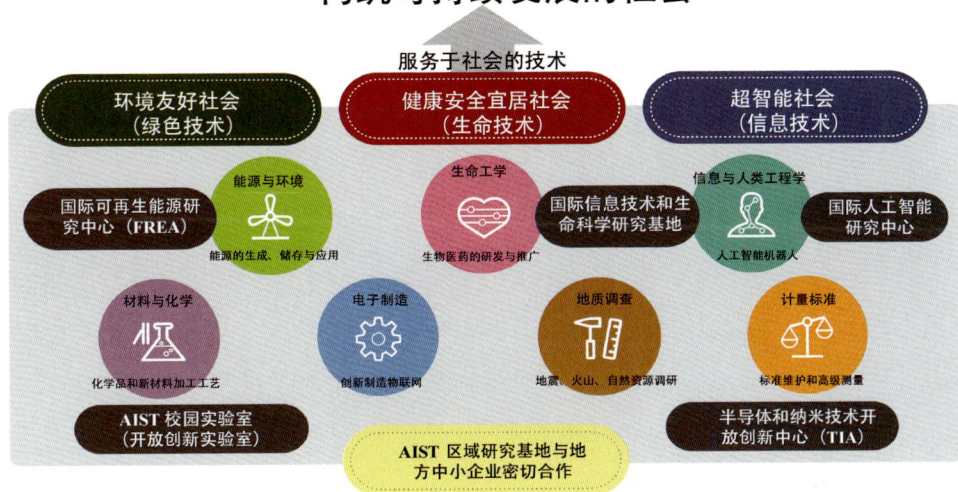

图9-1　可持续发展愿景

立研发法人"。改革的深化,使AIST的研究水平和科研能力快速提升,现已经位居日本国立科研院所的前列。

AIST的历史可以追溯到农商务省1882年设立的日本地质调查局。农商务省随后于1925年被改组为通商产业省,工业技术厅于1948年成立。1949年通产省成立,1952年工业技术厅被重组为工业科学技术厅。通过一系列的名称变更和重组,AIST在2001年1月中央政府改革后成为一家综合行政机构,AIST的一些创始机构已有100多年的历史,并在技术发展方面取得了许多成就。

二、组织概况

(一)人员分布

AIST主要以"5部门+2中心"形式汇集核心技术,约有2000名研究人员在全国10个研究基地进行研究和开发,在不断变化的环境中制定国家战略,保持创新。

截至2018年7月1日,AIST有专职研究人员2331人(其中外国人139人),分属于能源与环境(17%)、生命科学与生物技术(13%)、信息技术与人类发展(14%)、材料与化学(17%)、电子与制造(15%)、地质海洋(10%)、计量与标准(14%)7个学科领域(图9-2)。另有外聘研究员233人,博士后243人,技术人员1549人,专职行政人员699人。此外,还有兼职研究员5356人,其中来自大学的有2446人,来自企业的有1867人,来自其他法人机构的有1043人。

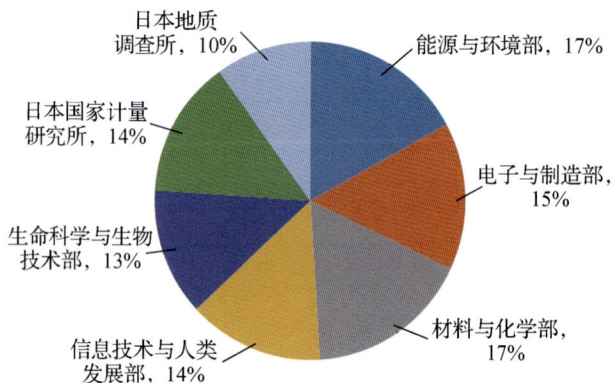

图9-2　研究人员分布情况

(二)财务收支

2017年,AIST全年收入108.516亿日元,其中,运营费交付金63.521亿日元,约占总收入的58.5%;受托收入24.705亿日元,约占总收入的22.8%(民间企业受托收入0.663亿日元,约占受托收入的2.7%);设施维修费补助金9.160亿日元,约占总收入的8.4%。另外知识产权收入0.429亿日元,技术顾问收入0.602亿日元,其他收入3.565亿日元(图9-3)。

2017年全年支出104.578亿日元,各类支出分布相对均匀,其中,设施维修费7.323亿日元,间接经费7.267亿日元,环境领域费用17.310亿日元,生命工学领域费用9.032亿日元,情报与人类工学领域费用12.623亿日元,材料与化学领域费用11.947亿日元,电子制造领域费用10.649亿日元,地质调查综合中心费用7.790亿日元,计量标准综合中心费用8.071亿日元,其他总部功能费用12.566亿日元(图9-4)。

技术顾问收入，
0.602亿日元

知识产权收入，
0.429亿日元

其他收入，
3.565亿日元

共同研究收入，
6.534亿日元

受托收入，
24.705亿日元

设施维修费补助金，
9.160亿日元

运营费交付金，
63.521亿日元

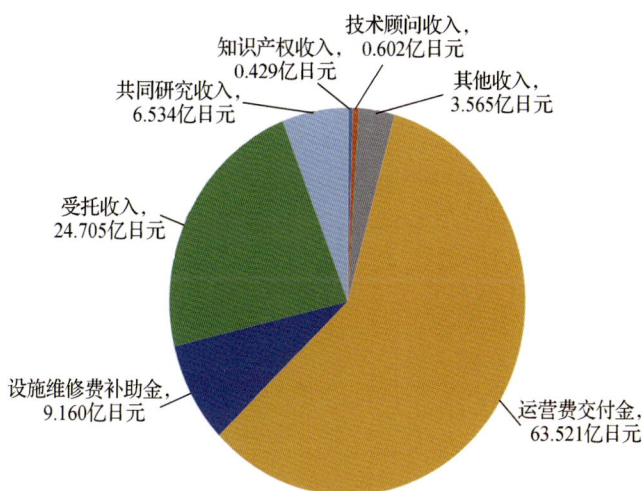

图9-3　全年收入

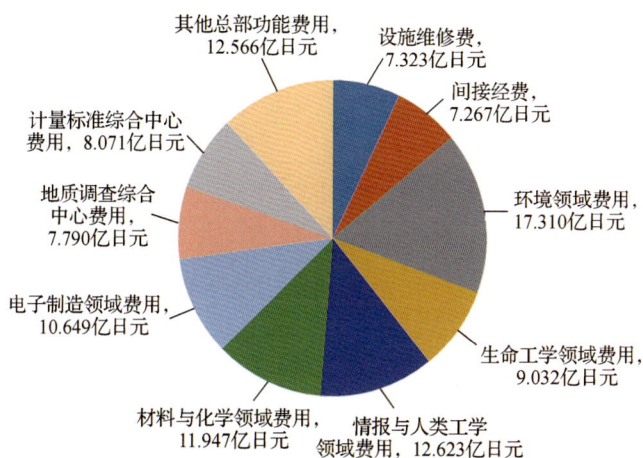

其他总部功能费用，
12.566亿日元

设施维修费，
7.323亿日元

间接经费，
7.267亿日元

计量标准综合中心
费用，8.071亿日元

地质调查综合
中心费用，
7.790亿日元

环境领域费用，
17.310亿日元

电子制造领域费用，
10.649亿日元

材料与化学领域费用，
11.947亿日元

情报与人类工学
领域费用，12.623亿日元

生命工学领域费用，
9.032亿日元

图9-4　全年支出

（三）组织结构

AIST设立了2个软性组织和4个分管具体事项的部门。其中，2个软性管理类组织之一是议员组织，下设理事长、副理事长、理事、监事，同时有一个情报组织为这些高层管理人员提供情报，支撑决策；另一个是经营战略会议，包括理事会、推进委员会、安全与信息化推进委员会、研究与运营战略会议、人事委员会，中长期发展规划、未来技术攻关方向、全球面临的主要问题等事项都是在这些会议上解决的。

4个组织部门分别是:研究推进组织,主要包括AIST的七大研究领域;本部组织,包括推进总部、监控室、评估部、企划部等部门;事业组织,主要包括分布在各处的研究中心,例如东京本部、筑波各个事业所、福岛可再生能源研究所等;还有一个负责监督推进工作的中高级推进中心(图9-5)。

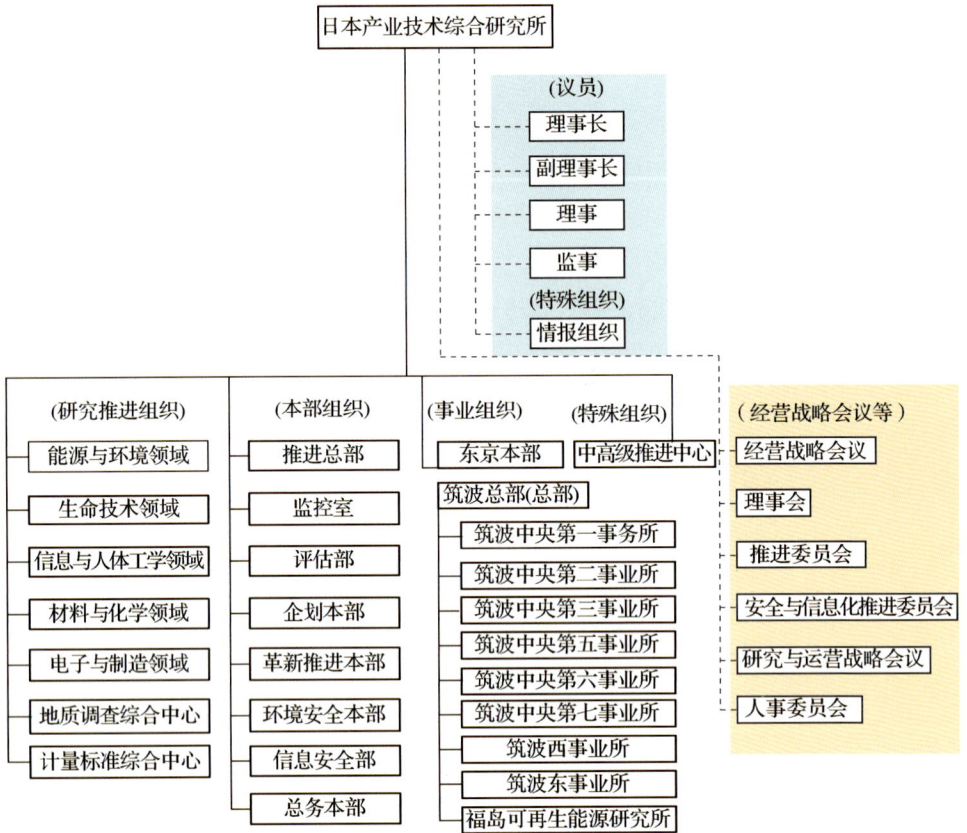

图9-5　日本产业技术综合研究所部门分布

(四) 区域分布

AIST在日本设有8个区域研究基地,为区域创新做贡献。福岛可再生能源研究所(Fukushima Renewable Energy Institute,简称FREA)已在福岛成立,该研究所旨在促进可再生能源的研发,并向全球开放。AIST还积极建立全球网络,例如,与全球30个主要研究机构签署全面研究合作的谅解备忘录(Memorandum of Understanding,简称MOU),积极建立全球网络。区域中心创造的创新技术在区域经济振兴中发挥了重要作用。

三、运行特征

(一)具有独立法人地位,实施理事长负责制

日本政府通过"法人化改革"赋予AIST独立的法人地位,并开始实施理事长负责的管理体制。在管理方面,以"能力第一"为原则建构了新型人事制度;在任命方面,除了监事一职由主管大臣任命,其余中层领导干部任免、外部人员聘任职务都由理事长在充分听取理事会意见的基础上决定;在引进人才方面,AIST主要采用合同聘任方式,无固定人员名额编制管理,理事长可以自主选聘人才,并决定科研人员升迁;在评估方面,理事长的业绩需经由第三方"评估委员会"的全方位评估,未达标者即予以免职。

(二)政府负责划拨经费和评估,不直接干预工作

政府依据规划下拨行政经费,AIST围绕发展规划开展工作,政府不再直接干预研发法人的各项具体工作。在每个工作年度和中期(第3~5年)结束时,政府委托第三方"评估委员会"对AIST的业绩进行评估,评估结果作为后续经费下拨的依据,如果不合格,经费将被缩减或终止。

(三)差别化薪酬体系,调动科研人员积极性和主动性

在工资总额确定的前提下,AIST实行差别化薪酬体系。理事长每年前两个月工资为浮动制,由第三方"评估委员会"根据理事长的业绩决定是否加减薪资;职工的收入正常情况下是每年16个月的工资,其中1—4个月评价工资为浮动工资。这样的机制,可以让工作量大、贡献多的科研人员获得较多的工资回报,既保持了科研人员收入的相对稳定,又有效调动了科研人员的积极性和主动性。

（四）注重内外合作交流，多元化参与促进创新

对内加强与日本国内大学的合作研究，邀请大学教授来AIST担任兼职研究员，并吸纳大量博士生和博士后，利用高效丰富的人才智力资源；对外不仅与世界一流研究机构及高校进行合作研究，而且积极推进科研人员的国际交流，以确保他们掌握先进技术、新兴技术的信息。AIST重视与开放性人才的合作，汇集具有不同技术背景和文化背景的研究者开展合作研究，推进创新。

（五）推行第三方评价，实现公平性

提高AIST科研绩效的有效机制是推行第三方评估，即政府拨款不再是例行的无偿拨款，而是根据第三方的年度评估结果，只有有效完成政府制定的目标，研究所才能获得政府相应拨款，成功促进AIST从注重"效率"向注重"成果"转变。评估内容主要涉及路线图、主要产出、内部管理三个方面。其中，路线图方面主要是评估经济社会影响、计划推进情况、核心技术攻克情况、国内外品牌机构4个指标；产出方面主要评估研究阶段取得哪些阶段性成果；内部管理方面，主要对管理风险进行警示。评估方法上，采取专家评估和基础数据监测相结合的方式，专家主要由学术界、产业界和政府部门官员组成，基础数据主要是研究所的产出指标。

四、发展阶段和基本原则

（一）当前发展阶段

AIST根据全球面临的主要问题，每隔5年制定一次中长期发展规划，主要由研发审议会、经产省主管大臣和研发法人三方共同设定。其中，研发审议会发挥的作用主要是，搜集全球面临的主要问题，了解社会公众的诉求，结合国内外情况对中长期规划目标制定建议，并组织专家讨论，保证目标具有专业性、多元性、前瞻性、客观性；经产省主管大臣根据研发审议会的提案，结合科技研发进度，制定实现目标的详细规划；研发法人负责具体实施，监督科研部门对照实施。

AIST自2015年开始,进入其发展计划的第四阶段(2015—2019年)(见表9-1)。在这一阶段,为了解决21世纪出现的全球性问题,例如全球变暖、能源问题以及出生率下降和人口老龄化的快速进展,AIST专注于"实现富裕和环境友好型社会的绿色技术"、"实现健康、安全和安全生活的生命技术"、"信息技术实现智能社会"三大研究方向,并有序开展研究。

表9-1　经历过的发展阶段及其规划时限

阶段	规划时限/年
第一阶段	2000—2004
第二阶段	2005—2009
第三阶段	2010—2014
第四阶段	2015—2019

（二）当前阶段基本原则

1. 基于社会和产业需求的研发导向。AIST通过技术营销活动,准确把握社会需求和产业需求,战略性地设置研究问题,灵活组织和建立研究体系。

2. 服务地区创新。AIST各个区域中心根据区域产业积累等特点设定优先研究主题,进行高水平的研究开发。了解中型企业的需求,以及所有"桥梁"技术,为当地工业的发展做出贡献。

3. 完善安全管理和业务管理。通过加强安全系统,AIST努力了解风险因素,防止安全问题发生,并改善业务执行的治理,确保研究成果的可靠性和工作的透明度,赢得公众和社会信任,使研究机构深受公众信赖。

4. 开放式创新。AIST通过积极地整合来自日本和海外的大学、地方公开考试以及公司等的各种优秀的技术种子和人力资源,积极挖掘提高AIST的研究能力,成为日本创新体系的中心(枢纽)。

5. 创新的人力资源。创新的人力资源管理,可以促使所有职业和年龄的人力资源发挥积极作用,可以适当评估员工对组织的贡献,可以挖掘科研人员潜力,相互之间分享创新技能。

五、重点研究领域和方向

AIST主要集中在7个领域来增加其技术优势(核心竞争力)(见图9-6),并以易于理解的方式收集技术情报,让更多行业可以将它们用于实际应用。AIST通过充分利用其综合能力,努力加强其可持续发展社会的建设。在第四个中长期规划阶段,其每个领域重点研究方向如下:

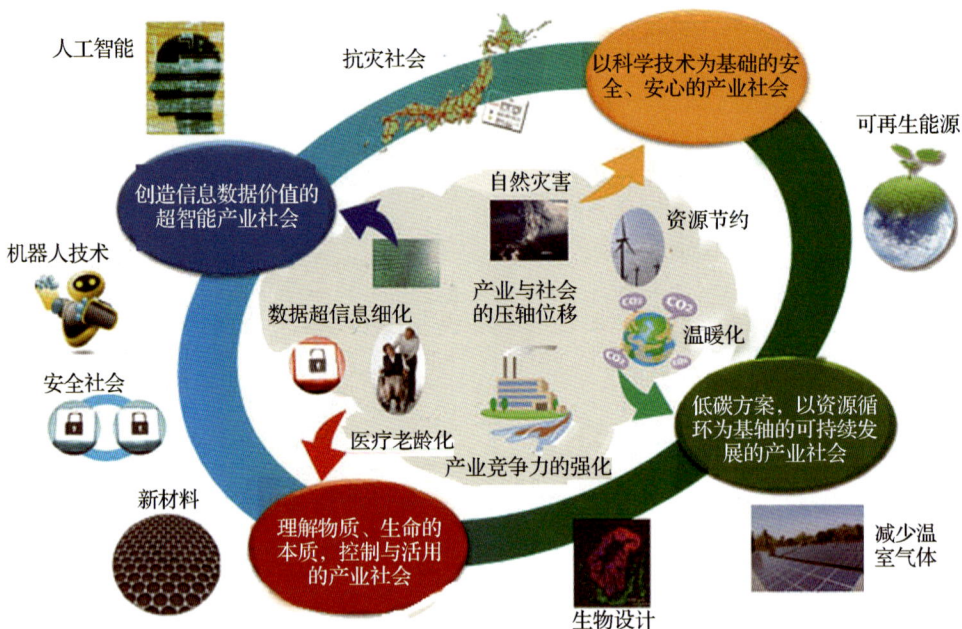

图9-6 日本产业技术综合研究所研究战略

(一)能源环境领域

该领域将从能源创造、储能和节能,基础研究和桥梁研究三个方面系统地了解能源技术。在可再生能源技术方面,AIST将进行系统演示研究,以最大限度地利用它;在电池技术方面,将引入超越锂离子电池这一新概念的储能技术;在节能技术方面,将引入将碳化硅(SiC)半导体功率转换器投入实际应用的技术。此外,还将开发风险评估技术,用于评估环境风险和社会影响,以及开发资源回收技术,以减少对环境的影响。

（二）生物技术领域

为了创造工业技术以实现健康长寿的社会，在药物发现技术的过程中，AIST
拥有领先的医药先导化合物，将生物技术与IT相结合。新药候选化合物将推进优
化技术的快速进步，加速开发新药并降低成本。AIST将进一步深化与制药公司的
合作，旨在使创业公司技术商业化，并在社会上实施。

（三）信息和人体工程学

AIST将进行人性化信息技术的研究和开发，以增强产业竞争力，创建安全和舒适
的社会。AIST致力于开发人工智能技术，从大数据和网络物理系统技术中创造价
值，促进工业和社会系统的发展。此外，还将开发人体测量和评估技术，如测量老年
人的驾驶条件和日常生活中使用的机器人技术，有助于实现舒适和安全的社交生活。

（四）材料和化学领域

AIST旨在提供对材料和化学领域的最终产品有竞争力的创新材料，整合材料
研究和化学研究，努力促进绿色可持续化学和化学工艺创新。AIST还将开发纳米
材料，如纳米碳及其应用技术，推动新制造技术的无机功能材料，以及有助于建设
节能型社会的先进结构材料和部件。

（五）电子与制造领域

随着网络流量及数据处理需求的迅速增加，各领域对IT设备的性能要求越来
越高。AIST致力于开发能够以低功耗进行大容量通信的光网络、以极低电压工作
的电子设备以及不需要刷新操作的非易失性存储器，来促进IT设备的大量节能，旨
在创造更高性能的新型半导体器件技术和计算技术，实现在IoT（物联网）时代更高
效率、更节能地处理大量数据，构建网络生产设备的创新生产系统。

（六）地质调查综合中心

根据地质信息、建设安全社会的重要基础信息，开展与全球环境保护、资源/能

源开发、地质灾害减灾等相关的各种地质调查、技术开发来解决问题。此外,AIST的目标是通过有效传播进一步促进地质信息和社会发展技术的使用。

(七) 计量标准综合中心

根据国家计量标准综合中心的智能基础设施维护计划,维持物理标准和长度、质量、时间等参考资料,稳步实施法定计量,修订单位定义。AIST将推动下一代测量标准的发展,努力创造让更广泛的用户使用这些衡量标准的环境,并通过信息提供和咨询促进传播。此外,通过开发和完善与测量标准相关的测量、分析方法和测量设备,为用户提供解决方案。

六、AIST的合规意识

作为国家研究与发展公司的一员,AIST每个人都明白对社会的责任,这有助于通过研究和发展工业科学技术实现一个繁荣的社会。AIST宪章分享了四个哲学:理解、知识和技术创造、回归结果和负责任的行动。其中,关于"负责任的行为",是指要始终意识到对社会的责任,充分考虑可以做些什么来更好地履行职责,不能忽视改进或检查。为了不辜负社会的信任,有必要尊重法律精神并保持高度的道德标准。AIST认为,遵守相关法律法规、遵守AIST规则和基于道德和社会规范的行动是合规的三个要素,并努力安排一系列措施提高员工的合规意识。

(一) 构建常规机构处理合规事宜

合规促进委员会每周举行一次,以便建立一个及时向主席报告风险事件的系统。委员会制定处理发生事件的政策,向相关部门提供适当的指示,并寻求尽早解决风险问题的办法。

(二) 安排各类专门合规培训

在电子学习和特定水平的培训中,进行合规培训以提供教育,并重申合规和研究人员道德的重要性。

（三）设置合规推进周

为了提高每位员工的合规意识,自2018年度起,每年度12月的第1个星期一到星期五被指定为"合规推进周"。每年都会制作一张海报,通过海报进行启蒙活动宣传,并在此期间发布在所有网站上;除了定期合规培训外,AIST还专注于主题的内容,邀请外部讲师;对每个部门积极主动实施的业务实施特殊培训。

（四）发放合规手册

为了对每位员工重申合规的重要性并帮助他们提高合规意识,AIST提取特别重要的合规信息,将其用于工作场所、研究环境、研究管理、信息管理,并创建了一本紧凑且易于阅读的手册,将其分发给所有员工,保证人手一本。

（五）成立国家研究与发展公司理事会合规研究小组委员会

国家研究与发展公司理事会与AIST密切合作,研究人力资源、人力资源交流与发展以及企业管理。成立该理事会的目的是通过合作进一步提高各国的研发和研究推广能力,进一步提高日本科技水平和创新创造能力。2017年,国家研究与发展公司理事会成立合规研究小组委员会,包括AIST在内的27家公司通过参与国家研究与发展公司的合规活动改善了风险管理职能。AIST从成立之初就一直负责部门主席和秘书处(任期4年),分享合规信息并参与公司审查问题。此外,27家公司作为一个整体设定了合规推广周,他们正在努力制作统一的海报并进行联合培训,以提高合规意识。

七、AIST促进知识产权和标准化的战略

AIST于2016年10月修订了其知识产权和标准化政策。所谓知识产权资产是基于研究结果(在社会和市场中实现)和实现结果所需的各种知识产权,被视为包裹资产(资产)。具体而言,它包括专利权、设计权、商标权、技术诀窍、软件数据库等版权以及与标准相关的权利等。

（一）加强合作举措

AIST通过促进研究成果的实际应用和传播，加强与公司、大学、国家等的合作来开展公司活动。具体举措主要有：基于灵活应对的知识产权资产的利用，实现与合作伙伴公司互利；通过与行业标准利益相关方的密切合作实现快速标准化；与相关方合作分担与标准化相关的成本或为活动筹集资金。AIST在促进知识产权和标准化活动以及加强桥梁功能的同时，为经济和工业的发展做出贡献。

（二）战略实施目的

AIST制定促进知识产权和标准化战略的目的是促进知识产权管理，具体包括：战略性获取、管理和利用知识产权，提供具有吸引力的知识产权，作为开放式创新中心；以标准化的实用性促进国内和国际标准化；努力实现知识产权和标准化科学管理。

（三）知识产权政策

为了使研究成果能够系统地构建桥梁，知识产权资产的建设、管理和利用，作为资产所必需的知识产权，而不仅仅是为研究结果提供一种知识产权，基于灵活应对的知识产权资产的利用，这些资产可以与合作伙伴公司互利。知识产权管理分为公共基础领域的知识产权管理和竞争领域的知识产权管理。其中，公共基础区域是可用于一般用途和基础设施基本技术的领域；竞争领域有望创造出与同行业其他公司不同的技术。

（四）标准化政策

公平和中立作为公共机构的标准，以及促进创建新产业或发展现有产业的标准，具体通过整合研发知识产权活动和标准化活动促进标准的使用与行业合作。与海外研究机构和标准相关机构的国际合作［代表性的国际标准相关组织包括国际标准化组织（International Organization for Standardization，简称IOS）和国际电工委员会（International Electrotechnical Commission，简称IEC）］；积极参与标准相关组织的活动，增加标准化活动的资金，促进国家标准化人力资源开发等方式实施标准化活动。

八、AIST 为确保正确使用竞争性资金等所做的努力

AIST 从经济产业省、教育、文化、体育、科学和技术等相关外部组织获得了大量外部研究基金,包括竞争性基金。它在确保正确使用竞争性资金方面做出了以下努力。

(一)建立清晰的责任制度

为确保竞争性资金等的正确运作和管理,AIST 设立"首席管理官"和"总部主任"。"首席管理官"监督整个 AIST 并承担竞争性资金运作和管理等的责任。"首席管理官"对竞争性资金的运作和管理等负有实质性的责任和权限,负责外部研究基金的创新;总部主任负责实施具体措施,如教育和监测,以便正确使用准则所要求的竞争性资金。与竞争性资金运作和管理有关的业务将由产学研合作机构或国际合作促进处创新促进总部作为"经营管理责任部",在有关部门的配合下进行。

(二)制定学习手册和课程

从研究人员等角度创建并配置易于理解的学习手册,并根据需要进行检查。手册制定政策为:一是每个系统手册要合规并且标准化;二是梳理每个阶段的行政程序和要点,例如从公开发行到完成研究;三是梳理每个系统的费用使用规则和常见问题解答。学习手册通过内部简报会向官员和员工传达。

学习方式方面,使用研究员行为准则、研究伦理等各种培训和电子学习课程,以提高高管和员工的合规意识、竞争力,并灌输竞争性资金使用规则。继续举行关于资金等行政程序和费用使用规则的工作人员简报。此外,将采取措施,通过审查课程、指导参与者和收集认捐来提高计划的有效性。

效果评估方面,通过分配竞争性资金的组织、负责运营和管理部门的自愿检查以及电子学习理解测试的组织进行最终检查,努力掌握官员和员工等对竞争性资金使用规则的理解情况。根据最终测试的结果,被认为几乎没有理解相关规则的研究单位等将被要求参加工作人员简报并采取措施,例如举行个人简报会。制定

有关处理指控、调查和纪律处分以及运作透明度的法规。

惩罚措施方面,对内部和外部收费明显未经授权使用竞争性资金等情况,相关部门(包括负责运营和管理的部门)与危机管理团队合作收集确认事实的信息,进行面试等调查。此外,如果未经授权的使用得到确认,员工的纪律将严格按照相关规定执行,内容将在外部披露。

(三)制订和实施防欺诈计划

通过审计办公室的内部审计和负责运营和管理的部门的自我检查等,AIST努力了解导致未经授权使用竞争性资金的因素。与相关部门合作,制定并实施防止未经授权使用竞争性资金的对策和措施作为防欺诈计划。此外,首席管理官接到负责运营和管理的部门关于防欺诈计划的实施报告申请后,就应及时采取措施执行防欺诈计划。

(四)研究经费的管理

预算执行管理。由于竞争性资金等的执行使用基于为每个研究对象设置预算代码的业务系统来处理货物、旅行费用等,因此可以随时掌握预算执行的状态。总务部、会计部和研究执行部等部门努力掌握预算执行情况,研究执行部等相关部门在担心预算执行延误等问题时可以向负责人发出警报。此外,负责运营和管理的部门应在手册中明确指出将对竞争性资金等进行系统预算执行,并通过员工简报会进行公布。

与承包商的黏合力。关于在采购商品等方面与供应商的合作关系,供应商在研究部门的采购时,试图与该部门合作,尽量防止这种情况发生。此外,应向AIST的业务合作伙伴申请不参与欺诈交易的承诺。对于已明确附加条件的承包商,应根据"与合同有关的提名暂停指引"采取暂停提名等措施。

合同工的工资。合同工的工资从竞争性经费中支出,有效管理"出勤簿系统"的工作时间,详细记录每天的工作开始和结束时间,以及商务旅行、带薪假期等情况。合同工合理利用自己的工作时间,努力提高工作效率。此外,合同雇员的管理者有权查看合同员工的出勤记录,以掌握工作的实际情况,并根据需要掌握员工的工作状态。同时,合同雇员的管理者如果担心员工出勤、出差管理处理不当,可以先进行确认后再做必要的指导。

货物采购资金。货物的采购必须经过相关业务系统处理流程中的单位经理的批准,才能进行除索赔人职能以外的检查。业务系统的请求者和批准者将在有采购请求或其他相关情形时继续关注检查点,并执行请求程序或批准。

此外,为了防止与购买货物等有关的欺诈行为出现,关于合同员工工资、货物采购、旅行费用等,AIST 检查从计费到支付每个阶段都严格把关。引入第三方验收系统,保证除了当事方以外的人员均应检查交付。

(五) 促进信息传播和分享

促进竞争性科研经费相关信息传播和分享的方式有两个:一个是咨询台,负责运营和管理的部门需承担内外竞争性资金磋商工作。另一个是公告准则,作为接受竞争性资金的研究机构,从外部问责制的角度将相关信息公布在网站上。

(六) 成立审计办公室

作为总裁直属组织,AIST 已成立审计办公室,与审计师合作,对 AIST(包括业务执行和财务会计状况)进行审计。内部审计适用于每个企业,以实现业务的有效性和效率、遵守有关业务活动的法律法规、资产维护和财务报告的可靠性等。AIST 从有效运作的角度进行审计和风险方法审查。此外,为了加强对竞争性资金的合规使用,与负责运营和管理的部门合作,设立了一个管理办公室,进行自我检查,确保合理使用竞争性资金。通过根据外部研究机构发生的未经授权使用的实际情况,审查自检项目和实施方法,提高自查效果。

内部审计办公室及负责运营和管理的部门将通过加强组织合作,如分享内部审计结果和响应的信息,努力加强监督职能,以确保合理使用竞争性资金。此外,内部审计部门和总务规划部门,彼此密切合作,确保信息和意见的及时性,并适当进行交流,确保审核的高效。

第十章
美国制造业创新网络计划

为充分发挥全球领先的基础研究和发明优势,夺取制造业重要市场份额,保持美国国际竞争领导者地位,奥巴马政府在2012年初启动实施了国家制造业创新网络(National Network for Manufacturing Innovation,简称NNMI)计划(现称为"美国制造业"计划),进一步推动科教、企业和政府等部门形成合力,重塑适应新一轮产业革命的产业技术研发体系,缩短从科研到产业化的时间周期,打造一批具有先进制造能力的创新集群和区域产业创新中心。2016年9月12日,美国商务部部长宣布"国家制造业创新网络"更名为"美国制造业(Manufacturing USA)",目的是提高产业界、学术界、非营利机构、公众以及整个美国制造业界对该计划价值的认识,并强调该计划对美国制造业未来的影响。

一、建设背景

(一)制造业是美国的经济支柱

制造业的发展对一个国家的经济发展及国家安全的重要性不言而喻。制造业支撑了美国8.5%的就业、11.7%的国内生产总值,带动了35%的生产率增长、60%的出口和70%的私营部门研发。2019年,美国制造业创造的GDP达2.36万亿美元,占美国GDP总量的11%,制造业出口额达2.09万亿美元,占出口总额的84%。与其他主要经济活动相比,制造业有更高的乘数效应,制造业每花费1美元就能带动1.35美元的其他经济活动(见图10-1)。

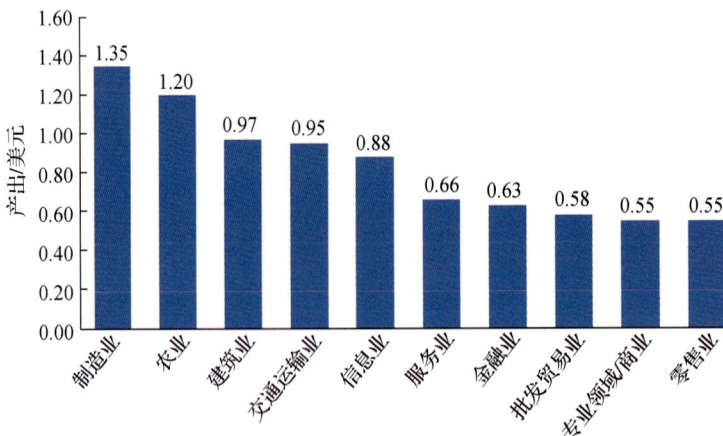

图10-1 2019年1美元的产业投入带来的产出

（二）先进制造业呈现明显衰退态势

从20世纪80年代开始，美国制造业经历了明显衰退。一是工作岗位大幅减少。据统计，1979年至2010年，美国制造业工作岗位从1.94亿个下降到1.15亿个，降幅达40.7%，其中2000年至2010年，美国制造业的工作岗位减少了5900万个，降幅为30.4%。这10年间，以先进制造业为代表的美国先进产业就业份额长期低于国际平均水平且下降明显（见图10-2）。二是企业存活率低。美国劳工部数据显示，2000—2013年，每季度平均有占制造业总数3.5%的工厂关闭，而仅有2.6%的工厂新开。2011年美国19个主要制造业行业中有11个产值低于2000年。同期，美国有超过6.5万家（占制造业总企业数近1/6）制造业企业停业。三是高技术产品贸易出现赤字。美国国家科学技术委员会的数据显示，2000年美国的高端科技产品尚有50亿美元的贸易盈余，到了2011年则逆转为高达990亿美元的赤字，占总体贸易赤字的17%。

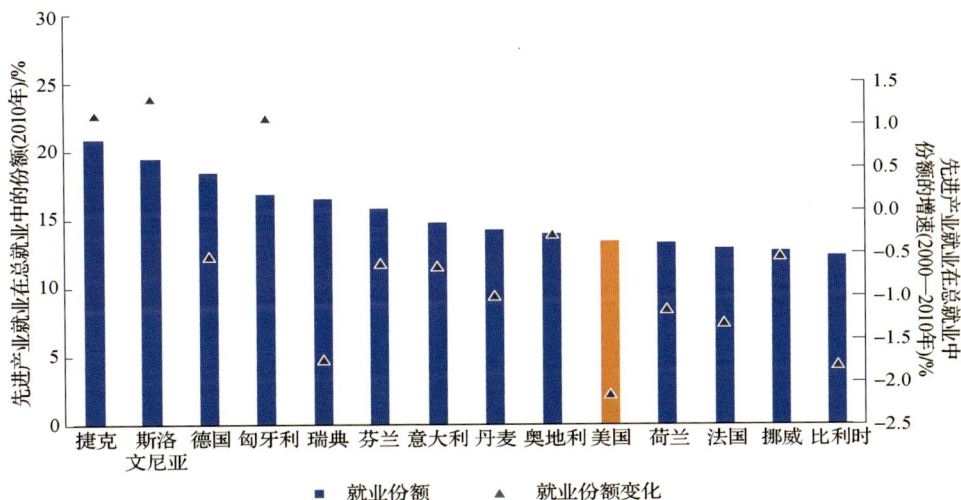

图10-2　各国先进产业就业占总就业的份额及其变化

（三）制造业衰退影响国家竞争力

美国在基于产品（装备的研发和制造）的技术集成、人才培养方面出现停滞，与制造相关的研发活动以及高技术岗位持续减少,企业制造创新动力严重不足,这些问题的存在严重威胁了美国的核心制造能力。一是先进制造能力下降。许多先进制造企业为追求经济利益而在国外建厂,美国制造业就业人数从1998年的1760万降至2010年的1150万,国内制造能力下降,已基本丧失一批先进技术产品的生产能力。二是制造业相关研发活动向海外转移。近年,美国公司在国外投入研发费用的增速是本国的3倍。目前,美国制造业研发投入占GDP的比例仅列世界第七,位于韩国、日本、瑞士、以色列等国之后。三是对经济的贡献率相对下降。2011年,美国19个主要制造业部门中的11个部门的生产量相比2000年有所下降,全球高技术产品出口的市场占有率从21%下降到15%,先进制造业领域对外贸易逆差额从2003年的170亿美元上涨到2010年的810亿美元,美国高技术工业产品出口占全球市场的份额由20世纪90年代末的20%下降到2008年的11%。

(四)"发明–产品"市场失灵

美国总统科技顾问委员会(PCAST)的研究表明,导致美国高科技制造业衰落的因素,并不在于劳动力价格(德国的工资比美国高30%—40%)。虽然美国仍然引领着世界基础研究、科学发现和创造精神,但德国制造业却一直蓬勃发展,关键在于美国将发明和发现转化成"美国制造"的产品和流程上落后于德国。在过去20年至30年间,美国公司研发的大多数重点放在了短期项目上。为解决市场失灵的问题,需要一些类似于德国弗朗霍夫研究所(Fraunhofer Institute)的机构来做转换性的研究。

二、运行机制

NNMI由多个独立的、通过竞争胜出的制造业创新研究所组成,每个研究所都聚焦于特定的领域。研究所建设定位于一种新型产学研合作伙伴关系,由联邦、州或者地方政府支持成立,重点是将公私资源结合在一起,营造更加有活力的国家创新生态系统。在白宫确定重点支持领域和方向后,由相关联邦政府部门,如国防部、能源部等牵头负责具体制造业创新研究所的选址和建设工作。研究所旨在提供"产业共同体"的平台,研发、制造等多个主体的共同目标是加快把发明转化为产品,同时加速中小企业的发展。

(一)建立跨部门协作架构

NNMI的组建和管理工作由一个跨部门的管理机构美国先进制造国家项目办公室(Advanced Manufacturing National Program Office,简称AMNPO)总体负责,参与者包括商务部及其直属的美国国家标准与技术研究院(National Institute of Standards and Technology,简称NIST)、美国国防部(United States Depart–

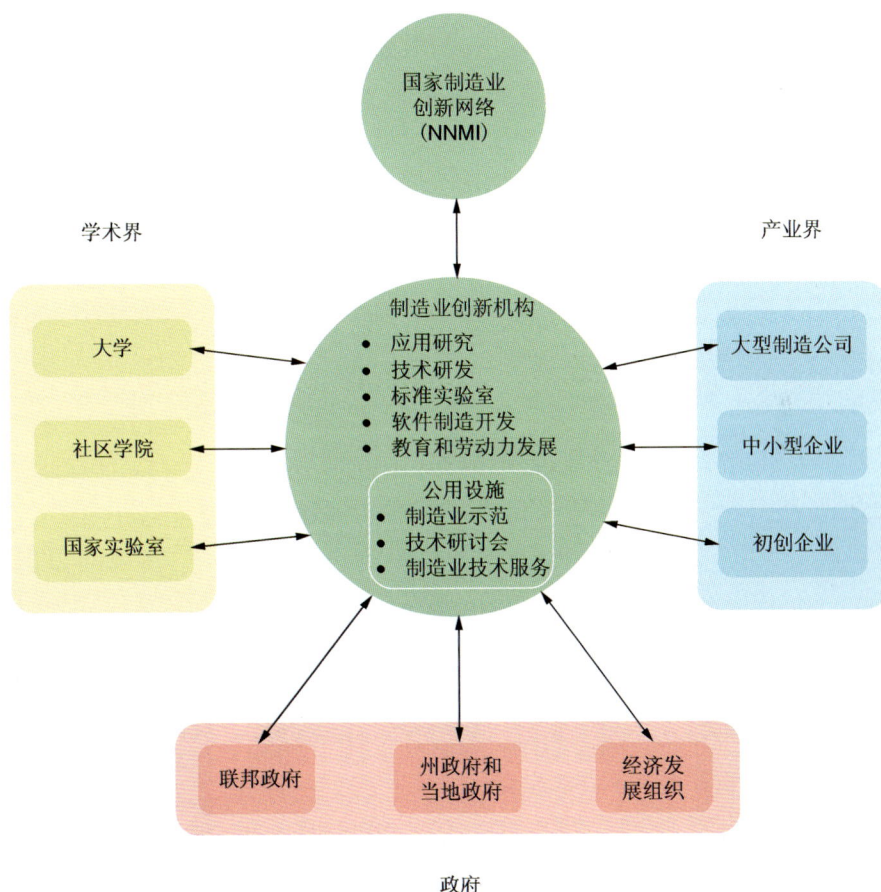

图10-3 国家制造业创新网络机构生态系统

ment of Defense,简称DOD或DoD)、美国教育部(United States Department of Education,简称ED)、美国能源部(United States Department of Energy,简称DOE)、美国国家航空航天局(National Aeronautics and Space Administration,简称NASA)和美国国家科学基金会(National Science Foundation,简称NSF)等多家联邦机构。美国先进制造国家项目办公室具体执行NNMI内的各项事务,工作主要包含征询公众意见、举办区域研讨会、与合作方代表和专家组共同审核研究所的申请、负责监督研究所的管理和运行情况、提出建议并处理具体的相关事务。网络领导委员会(Network Leadership Committee,简称NLC)由各制造业创新研究所代表组成,监督研究所的运营,统一技术制造的标准,并积极寻找研究所间合作的机会。

(二)构建良好的生态系统

NNMI中提及的"网络"本质上是指"生态系统",其发展运作的核心就是构建良好的"生态系统"。在整个生态系统中,包含了政府机构(联邦政府、州政府和当地政府以及经济发展组织)、产业界(制造业企业、行业联盟与协会)、学术界(高等

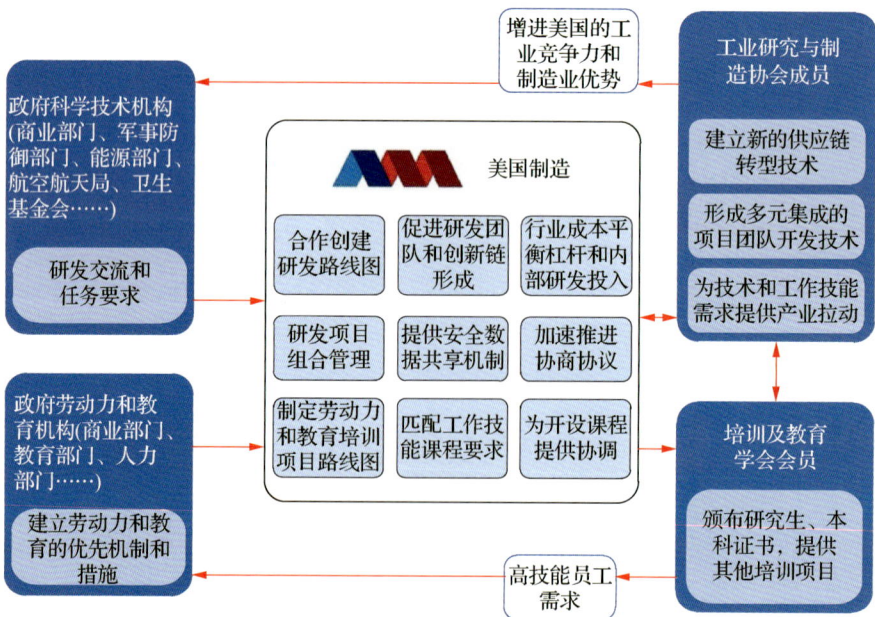

图10-4 "美国制造"研究所生态系统

院校、社区学院、研究机构、国家实验室)以及非营利组织(职业和技术培训机构、工会、职业协会等)。生态系统内部形成了联合治理模式,以董事会的形式进行管理。该董事会由产业界代表组成,研究所领导作为执行董事,负责研究所的日常运作。

完善的生态系统使得企业或厂商的研发活动有了明确的目标,避免造成研发资源浪费的情况。一方面,由厂商提出需求,产业界进行协同,避免出现由不同的厂商各自去研究市场需求造成的时间成本和资金成本上的浪费。另一方面,生态系统中资源的共享使得制造业企业能够降低自身的成本,从而提高整个行业领域的竞争水平。

(三)建立科学的遴选与资助模式

研究所遴选过程的管理工作由先进制造国家项目办公室负责,标书由评审小组根据评审标准进行评审。每个研究所都必须由美国国防部(DOD)和能源部(DOE)开放竞争程序招标,经过跨部门技术专家审查后公布中标团队的程序建立。评审成员包括先进制造国家项目办公室成员、政府相关机构和业内专家。遴选程序包括标书预审、现场考察、经济计划分析、商业计划分析等。采取公开招标模式,项目招标周期大致为6—9个月。项目评选主要依据评分标准和分值区间对项目申报书进行打分,评分标准更加关注关键技术的开发、应用和示范,同时强调项目对美国制造业竞争力提升的作用以及中小型制造业企业能否从中受益。

每个研究所在最初的5—7年内都会分别获得0.7亿—1.2亿美元不等的联邦国家制造业创新研究资金,加上研究机构、制造业企业等非联邦成员按照1:1比例的配比投资,总资本一共为1.4亿—2.4亿美元。在设立的前3年,联邦政府会提供设备、基础项目资助,投入启动资金;第4年以后联邦政府会取消启动资金投入,并开始增加竞争项目资助;第5年及以后取消设备投入,并以基础资助和竞争项目资助的方式投入。每个创新研究所在成立时都应制定自我维持计划,应在联邦政府资助5~7年后完全自立。随着运转成熟,制造业创新研究所可通过收取会员费、收费服务活动、知识产权使用许可、合同研究或产品试制等多种灵活的方式实现财务独立,并逐步实现自负盈亏。

（四）聚焦高端产业领域

NNMI计划目前建立和启动的9个研究所都聚焦制造环节的四大重点领域。

1. 制造过程及加工工艺的开发

其主要涉及能有效降低生产成本的增材制造领域,如:标准的细化、材料及设备的制造以及先进聚合物加工工艺等。NNMI还在重点地区试点建设国家增材制造业创新学院,研究提出关键环节技术路线图。如:该计划的首批增材制造研究所美国制造已制定出未来15年从设计、材料、工艺到价值链、增材制造基因组等五大增材制造领域关键环节技术创新路线图。

2. 先进材料的低成本生产方法研究

发展轻型材料的低成本生产方法,如低成本的碳纤维复合材料,其应用将有效提高下一代汽车、飞机、船舶和列车的燃料使用效率、性能和耐腐蚀性。其他例子还包括大型太阳能发电或下一代集成电路所需新型材料的研发。

3. 使能技术的研制和开发

使能技术是指能够被广泛地应用在各种产业上,推动新技术以及应用现有技术生产新产品、提供新服务或提高生产效率的一种技术。如将低成本传感器有效应用到制造工艺的智能制造基础设施和关键技术研究,通过创建一个智能制造的基础设施和关键技术,我们可以使得低成本的传感器有效应用到制造工艺,帮助运营商实时应用"大数据",从而提高生产率,优化供应链,降低生产成本,减少能源、水和材料的消耗。

4. 工业环节研究

改善医疗设备或材料的生产过程以提高药品、化学品的安全性和质量,创造新的工具以优化生产过程、控制成本支出,以及进行下一代汽车或航空航天制造工艺技术的研究等。

三、典型特征

美国联邦政府在先进制造领域已经部署了一系列高效的项目。美国国家科学技术委员会认为,在影响国家竞争力方面,鲜有能够与NNMI相媲美的政府计划项目。在对以往美国政府支持技术创新所实施的计划项目进行比较的基础上,NNMI计划具有以下典型特征:

(一)联邦政府投资力度大

联邦政府对制造业创新研究所(Institute for Manufacturing Innovation,简称IMI)的资助力度很大,比国家自然科学基金会的中心项目[美国工业/大学合作研究中心(American Industrial/University Cooperative Research Center,简称I/UCRC)和工程研究中心(Engineering Research Centre,简称ERC)]要高一个数量级。IMI的研究重心在工业领域,而I/UCRC、ERC等则更侧重于满足大学政策和要求,研究项目重点在于从前期基础研究到概念验证,而且ERC关注劳动力的发展,而社区学院不关注劳动力发展,不是ERC的组成部分。IMI的领导机构包括来自研究型大学和工业领域的政府、学术机构、公共/私立实验室以及其他利益相关方。

(二)专注于原型设计和规模化

NNMI投资项目的关注点与现有的联邦项目的关注点有很大的区别。现有的联邦项目投资主要是针对基础和早期应用研究,对可制造性、制造工艺和技术没有特别关注,而IMI的投资则绝大部分是在投资经费不足的后期研究、示范以及渐进的流程工艺等关键领域。NNMI认为政府—产业—学界的合作可以发挥杠杆平衡作用,从而填补制造业的创新空缺,通过发展制造技术和设计、修改产品满足制造需要,来提高工业制造水平。

(三)扩展制造合作网络范围

NNMI计划包括的各个创新研究所形成了全美互动的创新网络,且IMI在其治理委员会中引入了联邦政府设立的制造业扩展合作伙伴(Manufacturing Extension Partners,简称MEP)代表。MEP的主要任务是集聚高校院所、国家实验室和其他的创新资源,促使中小型制造企业的应用研究水平和技术创新水平的提高。这一做法进一步拓宽了制造业扩展合作伙伴中心的服务范围。以往,MEP中心着重强调中小型制造企业的工艺流程水平和产品质量问题。但近年来,MEP借助于创新研究所的建设,已经能够为中小企业发展提供专业知识、供应链定位、新技术利用、制造工艺改进、员工培训等服务,满足企业发展的不同需求。同时,MEP还构建了多元化的公私合作伙伴关系,非营利性组织、学术机构、企业集团、公立或私立技术援助机构、企业服务供应商等机构都能参与,这也加快了中小企业产品的市场化速度和投资回报率。

(四)产业导向更加明显

在IMI中,产业界将在确定的技术领域和研究议程中通过合作投资来发挥强有力的作用。联邦资金在IMI合作伙伴联合直接投资的影响下,通过杠杆作用来影响区域经济和整个行业,这增加了联邦资金的影响力,加大了IMI对产业相关技术的关注强度,同时还使产业界合作伙伴在NNMI的建立过程中成为真正的利益相关者。如:国家增材制造研究所的技术集中在3D打印领域,虽然在很大程度上依赖于联邦机构的需求,但该研究所的全行业跨领域研究焦点往往会涉及众多产业合作伙伴,产业界意见在很大程度上影响着研究所的技术创新路线。

四、目标任务

(一)开发和转化新的制造技术

近几十年来,随着计算机在生产设备和物流等领域的成熟化、商品化和广泛应用,全球制造业的竞争一直处于主导地位,这加剧了全球的技术竞争,同时也使制造业逐渐重视低工资和渐进式技术的改进。无处不在的网络以及机器学习、生物技术和材料科学等方面的最新进展正在为基于科学和技术创新的全球制造业竞争创造新的机会。虽然全球竞争对手组织有序,如欧盟工业4.0计划和中国制造2025计划,但美国在科技创新方面仍处于世界领先地位。美国必须维持和利用这一优势,在国内工业基地和国际盟友之间迅速有效地开发和转化新的制造技术,并将其付诸实践。

研究报告表明,解决先进制造业中的科学和技术挑战,保守估计每年可以为美国制造商节省1000多亿美元,同时进一步提高联邦政府实施的研发对私营部门的经济价值。尽管联邦政府对先进制造业相关的研究、开发和部署的投资通常集中于特定目标任务,但跨部门协调的基于组合的战略将更有效地开发和转化新的制造技术。

公私伙伴关系将具有重叠利益和重叠能力的不同利益相关方聚集在一起,推进目标技术部门的建立,并使美国成为这些部门的领导者,这是开发和转化新制造技术的关键。拥有共享资源如物理基础设施和工具、技术和嵌入式专业知识的托管的大型财团可以扩展区域创新生态系统,并推动区域内和跨区域的经济增长。

根据美国制造业目标确定了下列战略目标:探索智能制造系统的未来、开发世界领先的材料和加工技术、确保通过国内制造业获得医疗产品、在电子设计和制造方面保持领导地位、增加食品和农业制造业的机会。每个目标都要求确定一组技术优先事项,每个技术优先事项都包括以后要完成的具体行动和成果。

(二) 教育、培训和吸引制造业劳动力

美国制造业正面临新兴就业岗位与具备所需技能的工人之间的巨大差距,传统的教育和技术技能已经不能满足需求。未来的工作将需要新的技术知识和认知能力,例如数据能力和系统思维能力。一项研究预测,到2025年,制造业将新增350万个就业岗位,其中270万个将由婴儿潮时期的退休人员创造,其中200万个将填补空缺。然而,由于一些过时的假设,即所有的制造业工作仍然是重复性的、劳动密集型的、低报酬的,或是对美国这类工作的未来感到担忧,许多年轻人正在错过这些高技能、高收入的工作,他们本应是从中获利最多的群体。许多学生或家庭低估或误解了技术职业以及对熟练技术劳动力日益增长的需求,因此对社区大学和技术学校提供的选择机会不屑一顾。

为了应对这些挑战,美国必须注重加强和发展支持下一代先进制造技术的关键人力资本战略,重点是发展反映工程和科学项目中集成制造当前美国状况的教育途径。先进制造从业人员需要具备有效设计、定制和实施先进制造方法的能力,以提高生产力和开发新产品。

为了实现持续的经济增长,至关重要的是要努力增强美国制造业人才的全球竞争力,并针对下一代先进制造技术的关键人力资本战略进行人才培养。政府要扩大职业技术教育范围,促进培训、学徒制,使相关人才获得有效的、行业认可的、基于能力的证书,并使熟练工人与他们从事的行业相匹配。

为了让接受科学、技术、工程和数学(STEM)的劳动力满足未来的制造业工作的需求,国家投资应该优先考虑终身STEM教育——横跨小学、高中、职业和技术教育、社区学院、大学、学术实验室,包括各种各样的自主学习平台。投资的其他优先事项包括学徒制、实习、培训和其他应用型"挣和学"模式。这些项目填补了一个关键角色,建立了一条人才教育的渠道,并允许当前或被取代的员工有机会在一个新的领域进行再培训,或在他们目前的专业领域取得进步。其中一些项目已经通过工业、政府和教育机构之间的公私伙伴关系得到发展。而且,美国联邦、州和地方政策制定者需要实施劳动力战略,建立智能和数字制造生态系统,并提供有效的投资回报。根据劳动力战略确定下列战略目标:吸引和壮大未来的制造业劳动力,更新和扩展职业和技术教育途径,促进学徒制,提供获得行业认可的证书,将技术工人与需要他们的行业匹配起来。

(三)扩大国内制造业供应链能力

美国制造业供应链是一个由大大小小的制造商、集成商、原材料生产商、物流公司和提供其他支持服务(会计、财务、法律顾问等)的公司组成的复杂系统。这些公司有许多未设在美国,而是形成相互依赖的网络,向美国和全球客户提供各种各样的成品。数字化和IT革命的到来使得制造业供应链变得越来越全球化。尽管这场革命带来了许多好处,但在一些外包行业,制造商很难在国内运营。最重要的是,为了使美国开发的技术和人才造福国家,必须有一个能够吸收这些技术和人才的优良的国内供应链。在美国,几乎所有的制造企业,尤其是那些涉及供应链的企业,都是雇员少于500人的中小型制造商。这些制造业机构对该国的地方和区域经济至关重要,在经济困难时期,它们的衰落会对当地经济发展产生不利影响。因此,确保这些公司能够充分参与先进制造业至关重要。由于特朗普签署了《评估和加强美国制造能力、国防工业基地和供应链弹性》的总统行政命令,51家美国制造商面临着多样化的挑战,包括外国竞争(通常由外国政府补贴引起)、缺乏足够的熟练工人、跟不上技术变革和创新、快速的网络安全威胁、金融约束、国内供应链的损失等。大型制造商和资源有限的小型制造商面临的挑战也各不相同,它们通常依赖复杂的、分散的供应链。

因此需要在多个方面采取行动,确保美国拥有安全繁荣所需的强大、先进的制造业供应链。首先,中小型制造企业要成为联邦政府关注的重点——供应链开发。这一重点应该包括通过联邦政府召集的公私伙伴关系,建立一个更大、更安全的网络供应链。其次,美国必须促进新的商业发展,将分散的创新中心与先进的制造业生态系统联系起来。在先进的制造业生态系统中,竞争前的应用研究可以由供应链的多个成员进行,从而分担风险,实现更大的回报。这些创新生态系统和相关努力需要促进新的制造业业务发展,加快研发向先进制造业产品的转变。最后,美国必须加强支持国防工业基地的供应链建设。这要求美国更好地利用现有的权力,如购买美国和外国的军民两用技术。如此,美国的农村社区才能够持续和繁荣,先进的制造业技术和流程才可以为重要的农业部门量身定做。根据扩大国内制造业供应链能力这一目标确定下列战略目标:加强中小企业在先进制造业中的作用,完善制造业创新生态系统,加强国防制造业基地建设,加强农村先进制造业建设。

五、实施效果

美国制造业计划推动了大学和实验室研究成果的转移转化,该项计划的研究机构开发了改变世界的制造业技术,并且为美国制造业配备了具有高技能的劳动力,生产满足社会需求的高价值产品。

2017年,美国由商务、国防、能源等部门资助成立的14个制造机构实施了近270项重大应用研究开发项目。这些项目的参与者和受益者是美国制造商协会的1291位会员,其中844位来自制造业企业,549位来自小企业。联邦政府对这些研究机构的支持创造了一个允许产业界和学术界共同运作的框架。在这个框架内,产业界和学术界共同开发最有前景的新技术,使之成为最终产品。

美国制造商协会扮演着制造业创新中心的角色,这些中心通过为劳动力提供发展机会、增加就业机会以及开发推进有前景的技术从而增加生产机会,为美国工人提高工资水平,为国家和人民提供需要的产品。

六、启示

改革开放以来,我国依托劳动力成本优势大力承接全球产业转移,实现了制造业的快速发展。但是随着新一轮产业和技术革命的推动,全球产业格局持续调整,数字化制造和新能源、新材料的应用正在推动全球制造业新一轮的变革。我国应借鉴美国经验,以技术创新为重要抓手,完善产业科技创新政策供给体系,构建适应产业技术创新的生态系统,强势推动制造业转型发展、创新发展。

(一)整合产业技术创新资源

我国一直重视公共创新服务平台、重点实验室、企业研发机构等各类创新载体建设。然而,各平台间的协作机制尚未建立,影响了产业技术创新体系整体效能的发挥。建议以科技部门牵头,整合各类技术创新载体,建立全国性的产业技术创新网络,彻底打破产业技术创新条块化的局面;成立国家产业技术创新领导小组,加强组织协调,集聚优势力量和科技资源,推动形成支持产业技术创新的合力。

(二)完善产业创新政策供给

传统的创新政策模式强调政府对基础研究、竞争前技术研发或新技术大规模产业化的投资,这种模式能够有效解决市场失灵问题,但是最大的弊端是碎片化明显,彼此互相独立。美国经验告诉我们,政府在基础研究领域的回报未必能够由本国或本地区企业充分获取并转化。由于产业技术具有交叉性强、更新速度快、溢出范围广等特点,需要政府出台能覆盖产业技术研究、开发和应用全链条的政策,促进各主体间和谐互动。建议我国以有影响力的重大产品和装备为产业技术创新政策落脚点,实行"一业一策""一品一策",强化使能技术的供给,围绕全产业链部署产业技术创新力量,推动人才与技术的对接、技术与产品的对接以及产品与市场的对接,在若干产业领域形成我国核心竞争力。

（三）建立市场化研发机构支持机制

NNMI在政府资金投入与退出机制设计方面,要求每个IMI都有明确的、可持续的盈利模式,明确政府资金的投入与退出机制。资金与决策的同时退出机制保障了IMI的持续独立运营以及与市场的紧密结合。因此,在产业研发机构建设中,政府应明确市场导向,在前期给予研发机构大力支持,在研发机构完全融入市场后,相应减少经费投入直至研发机构完全独立,减少研发机构对公共资金的依赖。而研发机构的运营资金可以来源于技术转移,职业技能培训,检验检测收入,共享科技资源、技术、设备等。

（四）重视中小企业的作用

NNMI计划重点强调为中小企业服务,并要求在各研究所的建设过程中有中小企业的介入。因此,各类产业技术创新载体,在技术开发、技术转移转化及技术示范推广等方面,应积极引入中小科技企业,提升中小企业的创新能力和层级。如为中小企业提供技术咨询(如技术发展趋势)和量身定做的服务(如提供与工艺创新相关的尖端技术服务);为中小企业提供共享设施和专门的设备,以加速企业产品的设计和测试;提供一个分层次的会员费结构;为中小企业新会员的各种研发服务经费给予资助;提供中小企业知识产权分级授权等。

（五）推进PPP模式为主导的治理模式

制造业创新研究所的筹建、运营均采取"政府+企业"(Private-Public Partnership,简称PPP)模式,每个研究所由一个非营利性组织独立运行,组成公私伙伴关系,构建开放的、多方共同参与的公共治理结构与管理模式,整合创新资源,构建创新网络。分析美国这种公私合营的做法,对推动混合所有制在科技体制改革的实施有很大的借鉴意义。

第十一章
美国华盛顿州创新伙伴区

美国华盛顿州拥有浓郁的创业型文化、多元化且持续增长的科技产业和大量活跃的研发机构。金融危机后,美国华盛顿州州长和州立法机构共同提出了建设创新伙伴区(Innovation Partner Zone,简称IPZ)的计划,该计划由经济发展委员会、港口、劳工委员会、城市或者地方政府进行监管。IPZ计划对华盛顿州的经济复苏做出了重要贡献,得到全美州州长协会的认可,协会为其颁发了创新奖项。

一、建设背景

华盛顿州在2007年提出通过"十年创新"计划将华盛顿州打造成为全球最具创造力、最肥沃和最具投资吸引力的创新热点地区。华盛顿州从区域发展、经济转型、增加就业及整合创新资源等多方面进行综合考量,提出了建设IPZ的计划。

(一)历史背景

从历史上看,IPZ是一种基于地理分布的经济发展战略,旨在培育创新生态系统。该战略的目标是加速自下而上、有机驱动的合作,以推进产业集群的创新和增长。该战略模式已被多个州采用。这一战略是通过在区域内外的产业集群、创意创造者、企业家、资本提供者、教育组织、基础设施等方面建立集体战略和伙伴关系来刺激区域经济的增长。其目的是促进新技术的发展,创建新公司,从而更快地将产品和服务推向市场,刺激投资和创造就业机会。开发区的开发期限为5—10年。华盛顿"十年创新"计划正处在其开始实行后的第九年。IPZ旨在发展长期关系和项目,它通常与州或联邦项目合作,可能需要数年才能发放资助款项和提供地方或区域支持。此外,IPZ内需要建设许可的项目或需要改变分区土地用途的项目,都必须花费一定时间才能落地。

(二)担当区域发展重任

华盛顿州所处的太平洋西北经济区域(包括蒙大拿、华盛顿、爱达荷、俄勒冈、阿拉斯加等8个州)拥有巨大的发展潜力。华盛顿州提出建设全球创新热点,并在2011年将其纳入了立法程序。华盛顿州由于其特殊的经济地位,在努力实现自身价值的同时,还肩负着领导太平洋西北区域向最具活力经济区转变的重任。2015

年,华盛顿州GDP达4460.96亿美元,位居太平洋西北区域内8大州之首,占区域总量的53%。该州的西雅图是美国太平洋西北区最大的城市。同时,该州还拥有微软、亚马逊、帕卡、星巴克等一批世界级领军企业,2014年9家企业入围全美财富500强。

(三) 经济模式转型升级

2007—2010年,华盛顿州制造业实际产出降低了4%,其中传统交通装备产业降幅最大。相比之下,生物医药等新兴产业规模在金融危机中不降反增。这使得华盛顿州政府充分认识到发展新兴产业的重要性,并进一步认为,发展新经济已经成为全球新兴经济体的主要议题,传统经济发展模式已难以为继。为了摆脱传统经济周期性影响,亟须推动各行业创新发展,向新经济发展模式转型(见图11-1)。为此,华盛顿州努力建设开放的协同创新系统,打破原先封闭单一的创新系统,引导各地区高端产业集聚。在执行层面上,华盛顿州经济发展局督促地方政府重点关注创新发展,让创新深入遍及每一个地区、行业和阶层,创造更多高附加值工作岗位,提升工作质量,使创新理念植根基层,从而推动经济高速发展,提升地区核心竞争力。

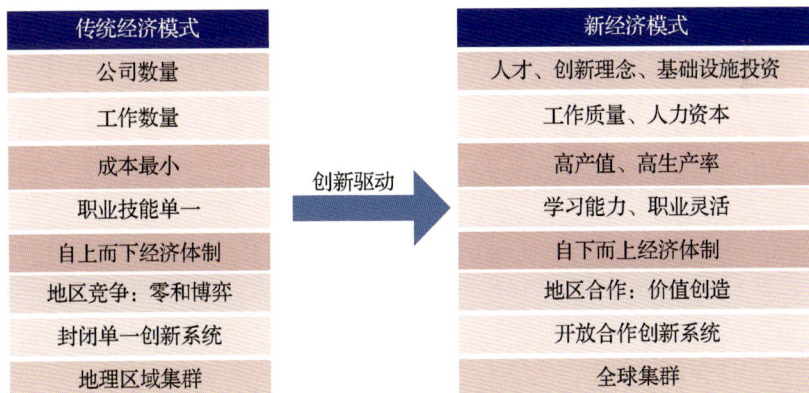

传统经济模式		新经济模式
公司数量		人才、创新理念、基础设施投资
工作数量		工作质量、人力资本
成本最小	创新驱动	高产值、高生产率
职业技能单一	→	学习能力、职业灵活
自上而下经济体制		自下而上经济体制
地区竞争:零和博弈		地区合作:价值创造
封闭单一创新系统		开放合作创新系统
地理区域集群		全球集群

图11-1　向新经济模式转型重点

(四) 解决周期性失业问题

金融危机以来,华盛顿州的经济复苏过程缓慢而乏力,就业率仍远低于2007—

2009年经济衰退前的水平,其复苏速度比2001年经济萧条期还缓慢(见图11-2)。2010年第一季度,华盛顿州失业率竟跌破19%,就业形势极其严峻。2007—2011年,华盛顿州中产阶级家庭的收入下降了9.8个百分点。为此,华盛顿州积极整合决策、合作、创造和领导力等多方面资源,努力建立全新的创新系统,转变经济发展模式和政策,以加速经济复苏,促进经济发展,创造就业岗位。

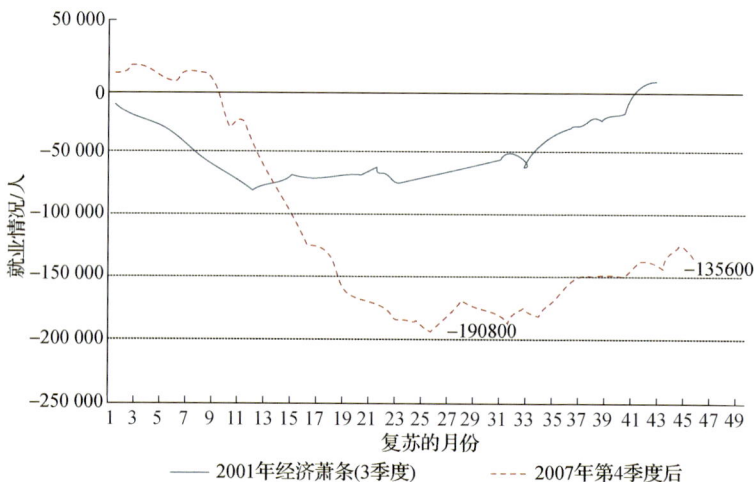

图11-2　2001年和2007年两次经济复苏就业情况对比

(五) 开发区域创新资源

华盛顿州拥有得天独厚的创新资源,该州拥有著名的华盛顿大学、惠特曼学院等34所大学院校以及雪兰社区学院等38所社区学院,大量高校为当地的科技创新提供了前瞻性人才。华盛顿州商业环境优良,拥有致力于推动区域经济发展的亚太商会等13个协会及商会组织。华盛顿州政府认为,在其区域经济内部的发展中,存在着部门、机构、资金、人才、技术、信息等要素相互协调与配合的问题。只有让机构、资金、技术等要素充分活跃起来,才能形成推进科技创新的强大力量。在这种情形下,华盛顿州亟须优化资源配置,充分发挥本州优势,这样才能更好地推动区域经济发展,创造就业岗位。

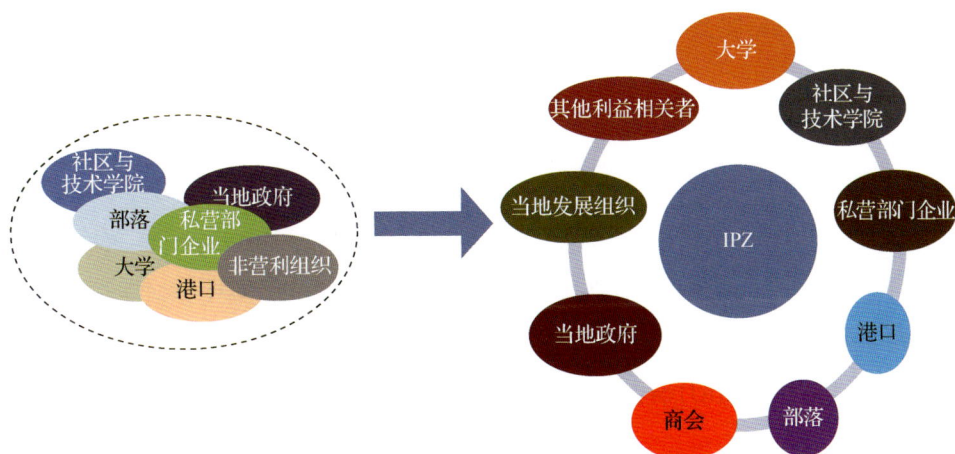

图11-3　华盛顿州创新伙伴区创新资源整合模式

二、运行机制

华盛顿州创新伙伴区(IPZ)计划致力于合作研究、工作培训以及私营部门集聚发展,推动新技术应用于产品开发。IPZ计划被视为地区性增值品牌战略,旨在促进新兴技术发展、产品市场化、创建新型公司、增加投资以及扩大出口,最终创造就业。

(一)准入机制

华盛顿州经济发展委员会负责制定和修正华盛顿州创新伙伴区的评估标准,每4年对华盛顿州创新伙伴区活动情况进行一次审核,如果审核不通过,则取消该伙伴区的资格。截至2014年,华盛顿州共成立了18个创新伙伴区组织。华盛顿州创新伙伴区建立的标准主要有三个:一是创新资源。华盛顿州创新伙伴区成立的区域必须覆盖创新资源,如高校、研究机构、经济发展的公共组织、商会、公司或者工人培训组织等。二是产业导向。华盛顿州创新伙伴区所在区域必须拥有在本州具有举足轻重地位的新兴产业。三是战略规划。华盛顿州创新伙伴区需要制定地区集群发展规划,发挥地区资源优势,合力配置要素禀赋。只有达到以上三个基本标准,由经济发展委员会商会总监签字通过,地区政府方可在奇数年份成立华盛顿州创新伙伴区。

（二）资金投入模式

各创新伙伴区间的资金运作模式大不相同，不是每个伙伴区都能得到当地政府、州政府或联邦政府的资金支持。华盛顿商务部在2007年、2009年、2012年分别为华盛顿州创新伙伴区拨款500万美元、150万美元和1350万美元。其中，仅有一半创新伙伴区组织在2012年得到了政府资金补贴。大部分组织主要依靠其他机构或合作伙伴提供的实物和服务支持，流动资金则一般来自当地的经济发展基金会或者合作管理组织，这也导致了这些组织运作资金较为匮乏。华盛顿州政府最新评估报告显示，确保运营经费的灵活性是创新伙伴区成功的关键因素，而华盛顿州创新伙伴区缺乏政府运营经费的问题已经阻碍了该计划的发展。该报告提出州政府机构应积极考察各创新伙伴区的发展潜力并进行积极的规划和建议，为它们夯实后方资金基础。

（三）运作模式

华盛顿州创新伙伴区均由地方政府、企业、高校等机构联合成立的非营利组织运行，在垂直方向和水平方向上组织并连接联邦、州和地方。每个创新伙伴区都是一个经济发展合作伙伴关系组织。它们突破了创新主体间的壁垒，有效汇聚了创新资源和要素，进行协同合作，构建资源集群，为合作伙伴提供聚集平台的同时也鼓励区域竞争。其发展密切依赖于科研教育机构、公共部门组织、当地政府、商会组织、公司以及工人技能培训机构等多方面的共同支持。同时，创新伙伴区还充当着企业"孵化器"的角色，为新创办的科技型中小企业提供物理空间、基础设施和服务支持等资源上的便利，从而降低创业者的创业风险和创业成本，提高创业成功率，积极地与高校研究者进行合作，促进科技成果转化，培养成功的企业和企业家。

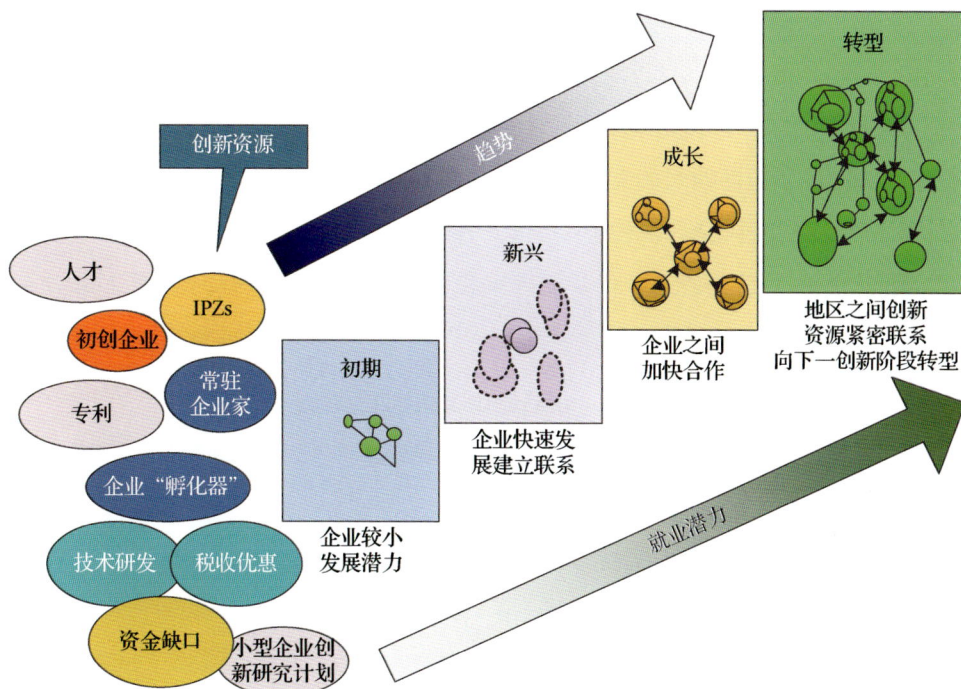

图11-4　华盛顿州创新集群演化

（四）监管机制

创造就业是衡量创新伙伴区建设成效的重要关注点。华盛顿州商务厅要求：每个创新伙伴区组织中设立失业保险项目的公司必须每月报告雇员数量和薪资水平，对每个季度的数据进行汇总，最后编制为6位码的北美产业分类体系（NAICS），然后通过美国劳工统计局在就业安全部数据（Employment Security Data，简称ESD）上刊登。同时，每个创新伙伴区每年还需要向华盛顿州商务厅报告各自的私营部门投资信息、创造就业和创新方面的情况；此外，华盛顿州商务厅还有权组织各个创新伙伴区汇报运作情况，详细阐述各创新伙伴区的资金来源、成立宗旨、主要从事的活动、建立的伙伴关系、治理措施以及自成立以来或继上次报告后取得的成果。对创新方案成效的具体评估方案由华盛顿州商务厅和华盛顿州经济发展委员会两部门的研究人员来执行。

（五）重点产业领域

在不同的资源、禀赋环境下，不同的创新伙伴区重点发展的产业大相径庭，但都有力地提升了华盛顿州的竞争力。华盛顿州18个创新伙伴区涉及多个行业部门，有生物医疗工程、全球卫生、生物研发、绿色科技、清洁交通运输、可替代能源、葡萄栽培、用水管理、城市净水、互动媒体和数码技术、金融服务、产业可持续发展及航空航天等产业（见表11-1）。

表11-1　华盛顿州创新伙伴区分布表

序号	创新伙伴区	成立时间/年	产业集群
1	贝灵汉滨河创新区	2007	清洁交通运输
2	波塞尔生物医学制造创新区	2007	生物医疗工程
3	克拉勒姆县：北部奥林匹克半岛创新区	2007	海洋能源
4	格雷斯港创新区	2007	私营企业与公共服务结合
5	西雅图：斯卡吉特谷农业增值创新区	2007	全球卫生
6	斯诺霍米什县：航空航天创新区	2007	航空航天
7	斯波坎高校聚集创新区	2007	健康保健、能源研发
8	普尔曼创新区	2007	清洁技术、智能电网、智能农场
9	三连市校区	2007	清洁能源、能源储存、智能电网
10	瓦拉瓦拉创新伙伴区	2007	红酒、水资源管理、可替代能源
11	斯卡吉特谷	2007	农业增值
12	基蒂塔斯县：华盛顿能源合作中心	2009	可替代性能源：太阳能、风能
13	奥本：城市创新区	2011	产业可持续发展
14	西雅图-景县：财政服务创新区	2011	金融服务
15	雷德蒙德创新区	2011	互动媒体和数码技术
16	塔科马：城市清洁用水技术创新区	2011	城市清洁用水管理
17	温哥华创新区	2013	应用数字技术加速器
18	威拉帕港创新区	2013	能源利用和再生

三、主要特征

每一个创新伙伴区的关注点都有很大的不同,从清洁能源和替代燃料的创造到运动医学和手工酿造,不一而足。不管关注点是什么,他们都从事研究和在区域一级发展,与私营部门和教育机构的当地伙伴合作,推动创新。不同创新伙伴区的融资模式差异很大。过去,许多知识产权保护机构一直无法获得资金来取代立法机关授权的组织机构。相反,它们依靠实物捐助和其他机构或合作组织工作人员的服务来提供企业所需的帮助。许多创新伙伴区设立了志愿委员会来执行原先由其他实体执行的经济发展工作。在许多情况下,被创新伙伴区选中仅仅是一种品牌和营销工具,为从事指定重点领域的许多组织和公司创造了一种独特的身份;但这也许是创新伙伴区项目为被资助者提供的最大价值。

虽然创新伙伴区彼此独立运行,并且在地理上分散,但它们确实有一些相似之处。

(一)大多数创新伙伴区仍然面临资金不足的问题,预算也很有限。它们的资金来源为实物捐赠,私人、州政府的或联邦政府的资助以及赠款。在2013—2015年,针对创新伙伴区的立法拨款减少,甚至最终被取消,导致创新伙伴区在商业上难以履行法定义务。

(二)创新伙伴区的地理位置和获得足够资金的途径在很大程度上决定了其运营模式。在城市地区,创新伙伴区更倾向于将自身形象树立为一种经济发展和品牌塑造的工具,以吸引商业合作伙伴和增加媒体曝光度。与此相反,农村地区的工作重点是规划、基础设施建设和招聘当地项目,以便同其他机构和组织合作。

(三)如前所述,创新伙伴区标识正越来越多地被用作推动产业集群概念的品牌战略。这其中有一部分原因是很多创新伙伴区认为自己资金不足,缺乏员工和资源去实施更复杂的计划来创造新的公司、产品和就业机会。

四、主要成效

华盛顿州创新伙伴区建立后至2014年,相比涵盖发展成熟产业的城市区域,低成熟度的创新伙伴区和郊区的创新伙伴区更加重视基础设施建设、工人的技术培训和推动新企业的成立,如:基蒂塔斯县创新区自2012年后相继花费50万美元进行公共基础设施建设,对3000多名职业高中生进行能源周课程培训。比较成熟的创新伙伴区则更加重视新能源产业、健康服务等高效、龙头产业的发展,如:贝灵汉滨河创新区将700万美元用于资本投资,斥资1600万美元进行环境治理。

(一)促进创新

据美国专利商标局统计,建有创新伙伴区的西雅图–塔科马–贝尔维尤都市圈的专利无论是在种类还是在数量上都比其他区域更胜一筹,2008年专利申请数为255项,2009年和2010年分别是342项和447项,两年间提升了75%。虽然郊区创新伙伴区的技术水平差距较大,专利数相应较少,但是从总体来看,专利申请率呈现增长态势。2008—2010年三年间,华盛顿州专利数增长率达50%,2014年奥本创新区提交的报告中提及,有7项专利申请是得益于创新伙伴区的经济活动。

(二)推动就业

尽管创新伙伴区对推动就业的净效应很难量化,但我们不得不承认创新伙伴区的建设的确有助于解决经济萧条带来的周期性失业问题。华盛顿州商务厅运用ESD普查就业数据大致分析了创新伙伴区建设对该州就业的影响情况,结果显示:就业模式因创新伙伴区成熟度不同、创新伙伴区地域不同而有所差别。中级成熟度的创新伙伴区与乡镇创新伙伴区的就业模式相似。自成立后,这些创新伙伴区创造的工作岗位数量持续增长。低级、高级成熟度的创新伙伴区与城市创新伙伴区就业模式相似。从2011年后,就业率开始持续增长。从具有代表性的5个创新伙伴区成立后的就业情况可以看出(见表11–2),创新伙伴区在不同程度上给地方就业带来了增长。

2014年,创新伙伴区给华盛顿州带来的新增工作岗位率高达12%。其中,华盛顿金融服务创新合作区为华盛顿州经济的繁荣做出了杰出贡献,该区聚集了8500个大小不等的公司,为地方州陆续提供了大约13万个工作岗位,为全美间接提供了约31万个工作岗位,在2010年曾创收27亿美元。

表11-2　华盛顿州创新伙伴区就业变化情况

	伯瑟尔	艾伦斯堡	西雅图	三连市	瓦拉
成立时间/年	2007	2009	2007	2007	2007
2002—2011年就业变化趋势	0%	0.8%	0.2%	0.2%	0.8%
2007—2011年就业变化趋势	0.5%	3.4%	—	0.6%	1.0%
2007—2011年期间就业率最低值年份到2011年的就业变化率	22.1%	214.5%	4.9%	30.3%	101.2%

（三）鼓励和促进产业共生

不同的产业合作伙伴共享服务、公用事业、物流基础设施和副产品资源,使区域成为可持续产业发展的领导者,共享以社会责任、环境、经济和技术为核心的核心价值观。

五、实际应用

（一）斯卡吉特谷农业增值IPZ合作伙伴与相关跟踪指标

表11-3　斯卡吉特谷农业增值ZPZ合作伙伴的目标及跟踪指标

目标	跟踪指标
利用华盛顿州立大学研究中心和面包实验室的研究成果,促使在斯卡吉特谷成功创办新企业	跟踪初创企业
鼓励基于华盛顿州立大学研究中心和面包实验室的研究,重点开发新的高利润、高增值的农业综合产品	跟踪新产品
以区域农产品的生产、加工、包装、销售和分销为基础,创造新的私营部门和就业岗位	跟踪新岗位
从研究机构和利用新兴技术的初创公司招募新的创新合作伙伴	跟踪新的IPZ伙伴
通过研究部门和农业综合企业之间的合作,提高每英亩的净利润	跟踪合作前和合作后每英亩的净利润

目标	跟踪指标
支持接班计划,以维持世代农场,并确保农业在斯卡吉特谷生存和繁荣	跟踪IPZ发起或支持的与继任规划有关的活动
促进研究部门和私营部门之间的持续合作和提供建立网络的机会	跟踪每月会议的出席情况,以及IPZ发起或支持的其他联网机会
与斯卡吉特谷学院合作,确保培训有素、合格的员工队伍	跟踪斯卡吉特谷学院相关课程和招生情况
通过联邦或补贴提高创新伙伴区的潜力	酌情跟踪获得巨额资金的机会

(二)项目成效案例

1. 2016年5月,斯卡吉特谷学院的红衣工艺酿酒师学院在斯卡吉特港开业,首批18名学生。该认证计划在华盛顿州是独一无二的,囊括了从农场到装瓶的整个酿酒工艺流程。

2. 一家公司于2015年夏天开始在海景商业园区建设永久性的粮食储存和处理设施。这个设施的开发是为了满足人们对粮食储存的特殊需求,而这远远超出了暂时的、公共拥有的西华盛顿的粮食储存和处理设施的能力。这一项目在海景商业园区开发,是由2014年在斯基格特港和斯卡吉特谷的一段私人合作关系发展而来。永久性设施将促进增值作物开发方面的创新,创造就业机会,推动种植轮作作物。

3. 华盛顿州立大学面包实验室已经搬进了一个1.2万平方英尺(约1114.84平方米)的工作场所。这是位于海景商业园区的一座建筑,不但为发展壮大后的面包实验室提供了生产空间,还为其提供实验室和教室区域,以获得更多的研究和教育机会,如亚瑟王面粉现状研究、研磨室、专业厨房、酿造精馏式微实验室。在面包实验室进行的研究是为了支持区域非商品粮网络和经济发展。该实验室的小谷物育种项目致力于开发大麦、燕麦和小麦品种,推动全谷物的可种植年限增长和在特定地区的种植,并最大限度地提高面粉的营养价值。面包实验室二期项目提供了55个新岗位,并保留了前一期提供的12个岗位。

4. 吉洛腌菜第三期工程是在斯卡吉特港开发建造的,该设施位于港口的海景商业园区。2014年,总部位于密歇根州的吉洛腌菜在港口扩建了设施。2015年,吉洛将港口的加工活动从2.1万平方英尺(约1950.96平方米)扩大到3.6万平方英尺(约3344.51平方米)。吉洛将黄瓜和卷心菜分别加工成腌菜和酸菜。2016年8月,吉洛的生产能力增加了一倍,冷库容量增加了40%。吉洛腌菜三期项目提供了20个全年工作岗位,并保留了前一阶段提供的55个工作岗位。在山谷中种植,吉洛可以提高黄瓜和卷心菜的产量,这两种作物对斯卡吉特谷农业的长期生存能力非常重要。可持续农业、本地加工产业增值、增加农业就业机会和保护农田是该项工程的规划目标,也成为公共机构和私营机构合作的最佳范例之一。

5. 斯卡吉特港在海景商业园区建设一家面粉厂。此前斯卡吉特县没有专门从事当地粮食加工或碾磨的设施。拥有公共的碾磨基础设施有利于整个县的发展,因为它通过加工环节,使谷物生产的附加值留在了当地。设备将由港口购买,公共基础设施将由西北面粉厂和特种谷物公司(SPC)通过租赁协议运营。

6. 丘卡纳特啤酒厂是港口的海景商业园区新建的啤酒厂。曾获业内大奖的贝灵汉啤酒厂也在该园区扩建占地8000平方英尺(约743.22平方米)的新厂房,并保留贝灵汉现有的丘卡纳特啤酒厂和餐厅。丘卡纳特啤酒厂将他们新的啤酒厂地址选在斯卡吉特山谷并特别定在海景商业园区,是因为在很大程度上,创新伙伴区的工作创造了合作和协同效应。

六、项目改进建议

以下是一份国家创新伙伴区战略的改进建议的摘要。该建议是在参考其他州制定的类似方案、创新伙伴区往年报告和改进建议以及创新伙伴区提出的改进计划后得出的。

(一)税收优惠

创新伙伴区继续对税收优惠提出要求,主要是为了与那些在招聘和投资方面实力雄厚的州竞争。

（二）恢复国家行政资助

自从国家预算中取消了对创新伙伴区项目的行政资助,创新伙伴区在商业管理方面出现了长达6个月的困难期,同时征集、申请和选定创新伙伴的进程也遭遇了长时间的停滞。有许多地区希望成为国家指定的新创新伙伴区,它们愿意提供技术支持和项目报告。

（三）减少记录保存负担

华盛顿州创新伙伴区和商业机构调查发现,在没有项目资助的情况下,要遵守立法机构规定保存记录十分困难。如果创新伙伴区仍然缺乏资金支持,减少或取消记录授权将有助于使立法、预算和记录保存要求联系起来。

（四）与高校建立更紧密的合作关系

一些创新伙伴区认为,与当地高校、学术机构建立更紧密的合作关系,可以减少研究空间,或在产品或服务商业化方面提供更多帮助。

七、IPZ战略对于江苏省创新建设的启示

（一）充分利用江苏省的创新资源,加强与高校合作

华盛顿州创新伙伴区战略中,华盛顿州拥有得天独厚的创新资源,该州拥有著名的华盛顿大学、惠特曼学院等34所大学院校以及雪兰社区学院等38所社区学院,大量高校为当地的科技创新提供了前瞻性人才。同样,江苏拥有167所高校（截至2019年教育部数据）,其中本科院校77所,专科院校90所。江苏应该加速推进与各大高校的产学研合作,想方设法留住人才、吸引人才,充分利用高校人才资源推动江苏科技创新建设。

（二）优化资金投入模式

在华盛顿州创新伙伴区战略中,有一个重要的问题就是资金的来源。不是每

个创新伙伴区都能得到当地政府、州政府或联邦政府的资金支持,大部分组织主要依靠其他机构或合作伙伴提供的实物和服务支持,流动资金则一般来自当地的经济发展基金会或者合作管理组织,这也导致了它们运作资金较为匮乏。因而,确保运营经费的灵活性是创新伙伴区成功的关键因素。这对于江苏科技创新的发展与建设也有很大的启示作用。在创新型园区的建设过程中,江苏省政府和地方政府在给予一定资金支持的同时,应该不断优化资金投入模式,充分利用江苏科技金融发展基础较好的优势,进一步完善科技金融组织体系、市场体系、扶持体系和服务体系,助力先进制造业创新发展。比如:可以适当增加科技小贷公司数量,设立专项贷款助力创新企业和园区发展;相关政策性银行可以适当放宽对科技创新企业的贷款期限或提供利率优惠。

(三)优化运作模式

在华盛顿州创新伙伴区战略中,每个创新伙伴区都是一个经济发展合作伙伴关系组织。这突破了创新主体间的壁垒,有效汇聚了创新资源和要素,进行协同合作,构建资源集群,为合作伙伴提供聚集平台,同时也鼓励区域竞争。其发展严重依赖于科研教育机构、公共部门组织、当地政府、商会组织、公司以及工人技能培训机构等多方面的共同支持。在江苏创新园区建设的过程中,应该突破以往的竞争模式,采用合作共赢的模式,各创新主体之间应互相分享彼此的经验,共同发展。同时,可以引进和并购一批海外研究机构、研发中心、技术中心,构建产业创新全球合作伙伴关系网络,深度融入全球研发创新网络,全面提升江苏在全球创新格局中的位势。

(四)聚焦重点产业领域

在华盛顿州创新伙伴区战略中,在不同的资源、地理环境下,创新伙伴区重点发展的产业大相径庭,这有力地提升了华盛顿州的竞争优势。在江苏创新建设中,也应该根据江苏各市的地理环境与资源优势,优化产业布局,各地区重点发展其具有比较优势的产业,积极打造具有国际影响力、国内领先的先进制造业集群,依托江苏的优秀企业推进省级制造业创新中心建设,同时结合国家制造业创新中心建设总体布局,鼓励企业积极参加国家级的创新中心的建设,支持面广量大的中小企业提升创新能力,培育一批核心技术能力突出、集成创新能力强的"隐形冠军""单打冠军"。

（五）加快创新体系顶层设计

在华盛顿州创新伙伴区战略中,华盛顿州努力建设开放的、协同的创新系统,打破封闭单一的创新系统,引导各地区高端产业集聚。在执行层面上,华盛顿州经济发展局督促地方政府重点关注创新发展,深入每一个地区、行业和阶层,创造高附加值的工作岗位,提升工作质量,使创新理念植根基层,以推动经济高速发展,提升地区核心竞争力。这对于江苏创新建设有很大的借鉴意义。江苏应该围绕《中国制造 2025 江苏行动纲要》、"互联网＋"等战略部署,督促地方政府关注创新发展,结合江苏制造业基础和创新优势,实施重大科技成果转化专项和战略性新兴产业专项,培育一批全球有影响力、附加值高的创新产业集群。

第十二章
英国弹射中心

金融危机的打击使英国近年对创新给予了异乎寻常的关注,英国政府分析评估英国创新体系和创新绩效的同时,不断重新审视自身定位,加强顶层统筹规划,完善创新体系建设,陆续制定了体现国家意志的《创新与研究战略》和一系列"产业发展战略"。基于对未来新兴技术领域进行未雨绸缪的投资,英国在2010年启动建立了一批世界级"技术与创新中心(Technology and Innovation Centre,简称TIC)",为国家经济发展注入了持续驱动力,这些技术创新中心被官方称为"弹射中心"(Catapult Centers)。

一、建设背景

(一)国际背景

欧洲各国创新政策经历了几个重要发展时期,即:20世纪50年代到60年代以研究为导向,主要支持基础研究;20世纪70年代到80年代以技术推动市场拉动为导向,主要支持工程研究;20世纪90年代以技术转移为导向,主要支持建立大学技术转移机构和加强知识产权;2000年以后以开放式创新系统为核心,关注开放式创新基础,关注智慧专业化。正如欧盟地平线2020计划所指出的,尽管欧洲各国创新背景各异,但整体创新发展方向基本相同,这使企业、大学、研究机构、政府、创新者和投资机构的创新过程更加开放,特定创新领域内的合作更加网络化。

(二)国内背景

2010年3月,英国企业家赫尔曼·豪泽发表《英国技术创新中心当前和未来的责任》报告,建议政府采取措施缩小研究发现与后续商业开发间的缺口,参照其他国家的最佳实践,对技术创新中心网络保持长期投资,帮助企业获得最优秀的技术知识、基础设施、技能和设备,在技术成长的道路上,对技术进行筛选、整合、培育,使英国研究成果商业化能力实现跃升。作为对此报告的回应,2010年秋,英国创新署斥资2亿多英镑建立了一批世界级技术与创新中心(TIC)。

英国弹射中心的建立和发展经历了一系列政策论证和评估过程,扫描具有潜力的技术优先发展领域,运用标准识别具有最强竞争力的候选者;与企业和学术界深入讨论、评估在该地区建立弹射中心的可行性;运用选择性招标和正式招标两阶段来选择运行中心和识别主要合作伙伴;与选定主办者共同制定战略框架和创新业务规划。

(三)固有优势

长期以来,英国就是世界科技强国,拥有牛津大学、剑桥大学等国际一流学府,科研产出位居世界前列。英国的科研状态有以下几个特征:一是基础研究实力强。英国以占全球1%的人口产出了6%左右的论文,其中高被引论文数占全球的14%,仅次于美国。英国研究人员获得了90多项诺贝尔奖,获奖人数居世界第二。在世界排名前十的大学中,英国就占了4所。二是创新创业环境优。英国是仅次于美国的世界第二大风险资本市场,在经济合作与发展组织(OECD)创业难易度指数排名中位居正向第一。由于人才和投资环境优良,很多外国公司将其欧洲总部设在英国。在主要经济体中,英国所吸收的海外研发资金无论占GDP的比例还是占研发总投入的比例都是最高的。英国的高竞争力主要体现在高劳动生产率、发达工业体系、具有创新理念的企业文化以及庞大的国内消费市场等方面。

(四)存在的问题

1. 制造业空心化削弱高端、中高端技术竞争力

制造业曾经给英国带来长达300多年的经济繁荣。20世纪80年代以来,英国开始推行"去工业化"战略,不断缩减钢铁、化工等传统制造业的发展空间,将汽车等许多传统产业转移到劳动力成本及生产成本相对低廉的发展中国家,集中精力发展金融、数字创意等高端服务业。这类举措导致其制造业萎缩,空心化现象严重。长期以来,英国经济整体过分依赖虚拟经济,包括金融业在内的服务业对GDP贡献率高达3/4,制造业只占GDP约1/10。1970—2003年,英国各先进经济部门在全社会的就业比例大幅下滑。最为典型的是,制造业部门占全社会就业比例由1/3下降至1/10。2008年OECD对世界G7和金砖四国等主要经济体贸易数

据统计分析表明,英国和美国在发展和出口高技术方面有一定的优势,但在去工业化的几十年中有很多需要改进的地方。在中高端技术层面,英国在世界贸易中几乎没有任何优势(见图12-1)。

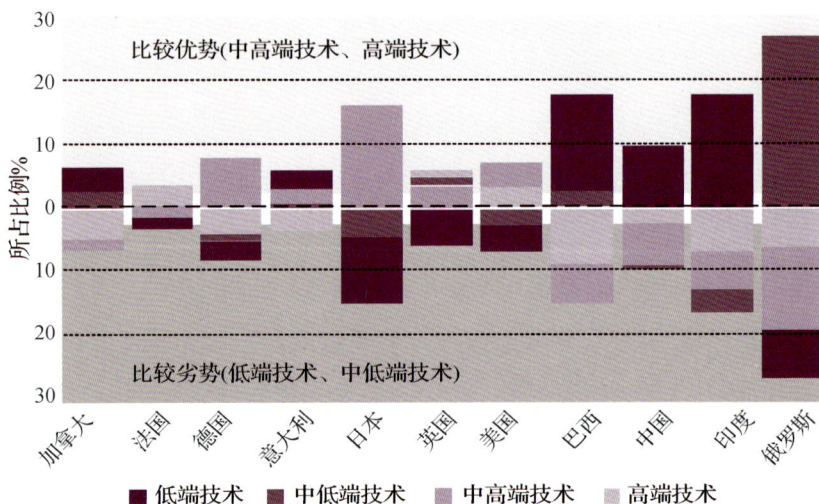

图12-1 制造业贸易中不同层面技术领域在主导经济中所占份额

2. 研发投入偏低

与重视创新的其他国家相比,英国研究开发整体投入偏低(排在美、中、日、德、法之后),2010年研发强度仅为1.78%,更是低于大多数竞争对手国家。而在当前经济形势下,无论是发达国家还是新兴经济体都已经认识到研究与创新在经济转型变革方面的潜力,都在加大研发投入力度,同时努力发展知识集群和创新热地。

3. 技术成果市场转化率低

国际上素有"发现在英国,发明在美国,开花结果在日本"的说法。2008—2010年三方专利中,无论是获得专利的总数还是按人口平均来说,英国都明显落后于美、日、德、法等国。如何确保最大限度地利用好英国的发现和发明是英国创新面临的一大长期性挑战。技术转移方面,英国的主要问题是没有国家战略,没有对商业需求给予充分关注,没有充分发挥相关专业人员的价值。英国科学研究世界领先,但在技术转化(资金方面)缺乏充足资金,没有让经济享受到科技发展带来的好处。

二、建设定位

（一）组织定位

弹射中心项目是在金融危机大背景下，英国为推动技术创新和成果转化、完善技术创新体系、促进科技与经济结合所做出的战略决策，也是英国政府为培育未来战略性产业、发展重点领域产业、提高技术竞争力而做出的重要举措。

英国弹射中心是英国创新署"工具包"的重要组成部分，在政府创新工作计划中具有明确的预期和定位。英国创新署即"创新英国"建立于2004年，前身为技术战略委员会，总部设在斯温顿，是英国独立的执行公共创新的机构，由商业、创新和技能部（Department for Business, Innovation and Skills，简称BIS）资助成立。创新英国改变以往的创新治理方式，要求弹射中心在国家确定创新优先发展领域中要发挥明确促进作用。弹射中心资金中有一部分来自英国创新署的公共资金，旨在提高不同行业之间技术扩散速度和范围，进而减少创新型企业的运作成本，辅助消除创新融资的不确定性。

（二）功能定位

弹射中心项目旨在解决英国高端创新发展的一系列基本问题，如：高端创新业务投资过小或过迟、技术和资金风险较大、创新参与者资金回笼时间过长；高端创新破坏了现有价值链和业务模式，新的合作伙伴关系需要建立新的供应链；创新参与者无法感知长期发展趋势，需要政府发挥作用，制造新兴技术和政策互动的机会；高端创新基础设施不足、过于复杂或过于分散化；政府无法运用最为有效的杠杆调节手段（如法规、标准、财政刺激、政府采购等）有效实现国家高端创新优先领域发展战略。

作为拥有先进基础设施的非营利新型技术创新中心，弹射中心的主要任务是：进行技术商业化的前期开发，以帮助产业界开发利用新兴技术；瞄准技术开发的市场化方向，从而在研究与技术商业化之间建立起桥梁；提供资源、实验仪器设备等；

对新产品或新服务给出好的观点或者建议。在技术创新过程中,科技项目在接近科学研究的阶段(技术成熟度为第1—4的阶段)和接近市场的阶段(技术成熟度为第6—9的阶段),一般都不需要太多的政府扶持,难点在技术成长中如何推动技术与资金结合、技术与商业结合(第3—8阶段)。英国建立弹射中心的目的,就是在技术成长的道路上对技术进行筛选、整合、培育,直到技术商业化成功完成(见图12-2)。

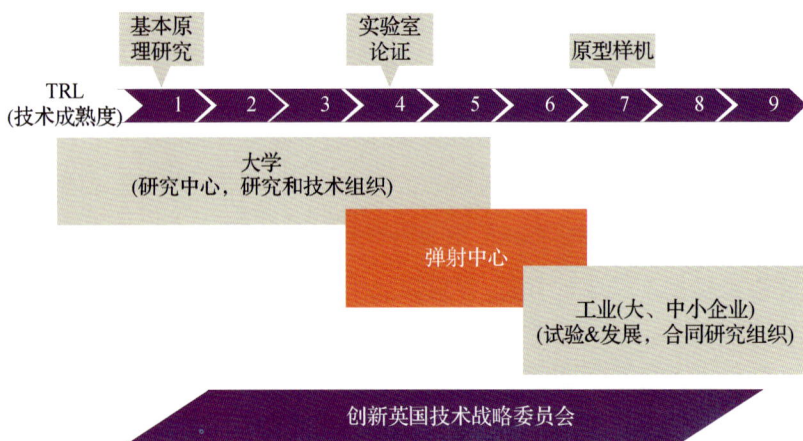

图12-2 弹射中心定位示意图

三、运行机制

(一)建设路径

根据英国技术战略委员会(Technology Strategy Board,简称TSB)的计划,弹射中心建设路径主要分三步。

1. 建设9个弹射中心

2011—2012年,建成高价值制造中心、海上可再生能源中心和细胞疗法中心三个中心。2013—2014年,建成数字化中心、未来城市中心、卫星应用中心和运输系统中心。此外,2015年,英国政府分别建成了能源系统、精密医学两个新弹射中心。

2. 基于弹射中心在更广泛的领域内建立知识网络

通过吸引不同规模企业(包括跨国公司和小企业)跨领域的合作,以及与英国优秀大学和相关机构合作,初步形成英国新的技术创新框架体系。

3. 将弹射中心融入国家创新体系

将弹射中心与已有的创新平台计划、研发合作计划、知识转移网络、知识转移伙伴计划、小企业研究计划等创新措施结合起来,并进一步加强与欧盟的项目对接。同时,实现与合同研究组织、公共研究机构、咨询机构和风险投资机构等其他类型研究开发机构的有效结合。

(二)建立模式

英国弹射中心建立模式不拘一格。主要有以下几种模式:

1. 技术能力注重型

这类中心主要是根据商业需求,就大学研究某项技术成果而建立的中心,目的是为了促进研究成果得到更广泛的商业化应用。

2. 市场领域注重型

以市场价值链的一部分为切入点,或者在交叉领域进行运作,如数字和创意产业领域等,英国媒体城就是类似的中心。这类中心以公共投入为主,投资主体主要是各地区发展局或地方公共投资机构,以带动地方经济发展为目的。

3. 国家战略催生型

国家有时出于战略需要,也可投资中心建设。国家投资一般起到对各种投资的催化和鼓励作用。如:斯蒂夫尼奇(Stevenage)生物科学园,主要投资主体有战略投资基金、葛兰素史克(GSK)、维康基金、TSB和东英格兰发展局,该园主要是为了扶持一些早期的生物医药企业。

(三)聚焦领域

英国确定弹射中心支持的重点领域(见表12-1)所考量的主要因素有五个方面:一是TICs所开发的技术市场前景要广阔,预计每年可以实现几十亿英镑的全球市场规模;二是TICs所涵盖的技术领域属于英国在世界领先的技术领域;三是英国具备对TICs新技术的商业化能力,并通过不断的投资,在新技术价值链高端占据比较重要的份额;四是TICs要起到汇聚全球知识密集型活动的作用,并可以带来英国财富的增长;五是TICs应该与英国的战略目标相协调,并围绕实现其目标而开展工作。

表12-1 弹射中心重点技术领域

序号	中心名称	重点领域
1	细胞治疗中心	干细胞和再生医药
2	数字中心	未来互联网技术
3	未来城市中心	数字标签 智能控制、自动驾驶
4	高价值制造中心	塑料电子、机器人自治系统
5	海洋可再生能源中心	可再生能源气候变化技术
6	卫星应用中心	卫星通信技术
7	交通系统中心	燃料电池
8	精密医学中心	低碳交通
9	化合物半导体应用中心	先进制造技术、复合材料技术
10	能源系统中心	绿色经济、气候变化适应
11	药物发现中心	合成生物学、动物替代试验技术

(四)治理结构

英国弹射中心虽然是英国政府倡导设立的,但并不从属于政府,其性质是社团法人。各中心属独立实体,是自主经营的非营利机构,在中心协议和政策目标范围内自主运营,允许根据客户不断变化的需求和业务基础调整经营。每个中心负责自身业务规划、自身资产负债、设备管理和设施所有权及知识产权。

每个中心建立主导业务的治理委员会,该治理委员会由该技术领域专家组成,实施中心工作并监督其活动方案。具体而言,其工作包括:定义中心治理安排、约束

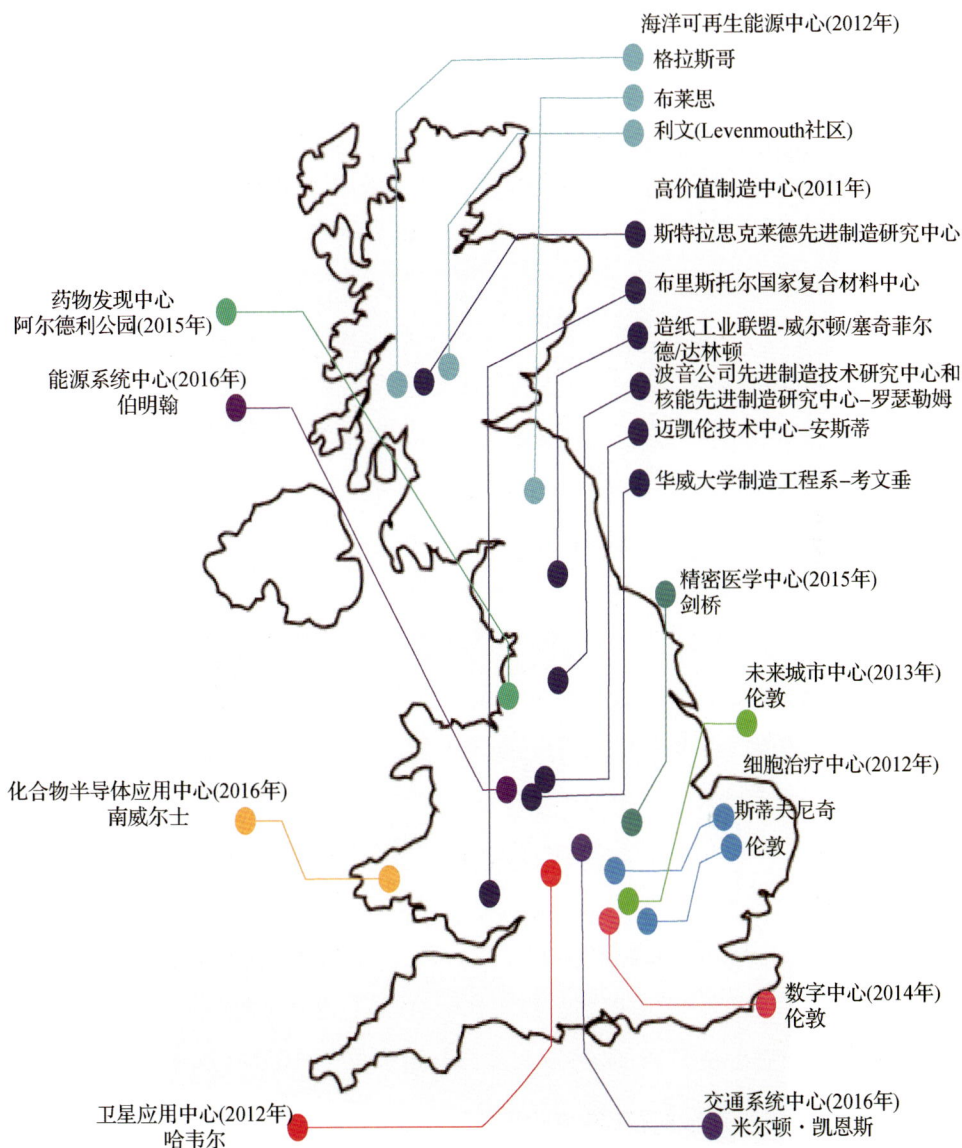

图 12-3 各弹射中心区位分布示意图

和界限,制定季度报告的绩效指标,回顾年度绩效,管理金融负债和设备所有权,鼓励中心与其他研究机构相联系,为网络内中心在品牌、网络通信、宣传等方面制定伙伴关系协议,制定知识产权管理准则等。各中心治理结构组成具体包括:委员会主席,即董事会主席,其人选必须同时具备创业精神、工业经验和学术基础三方面能力;

技术战略委员会,由执行董事处理其内部管理职责;监督委员会,由来自不同行业的具有高级从业经验的人员组成,以咨询身份对技术战略委员会和中心网络运行提供建议。

(五) 管理模式

弹射中心采取"政府+企业"(Public-Private Partnership,简称PPP)的管理模式。在监管方面,英国技术战略委员会具体负责技术与创新中心的筹建和管理,英国技术战略委员会下设的咨询监督委员会负责对所有弹射中心的监管;在运作管理方面,每个弹射中心都建立由企业为主导的管理委员会负责中心的运营,该委员会在具体运作过程中有很大的自主性。技术战略委员会规定了其发展目标,中心可以根据情况调整需求变化和商业模式。各中心设立商业主导型管理委员会,主要职责是对中心的业务进行监督和审查。各中心管理人员均要求具有创业精神、商业经验和一定的学术背景。各中心的治理结构,均根据各自情况而定,原则上实行综合协调管理,包括部分中心含有多个场址的情况。各中心有义务围绕各自的目标和核心业务制订商业计划,独立负责资产和负债、设备设施及知识产权所有权相关的管理责任。各中心在法律上应具备独立资格,属于非营利机构,与主管部门技术战略委员会和合作伙伴没有法律上的附属关系。

(六) 政府作用

1. 负责弹射中心建设领域的选择

"创新英国"通过每年发布年度资助及行动计划,选择战略性产业和领域的资助方向,对弹射中心进行布局,并设定建立标准。如2016年4月发布的《2016—2017财年资助及行动计划》决定,在2016—2017财年出资5.61亿英镑,重点聚焦新兴和使能技术、健康与生命科学、基础设施体系、制造和材料等重点领域。

2. 对弹射中心进行监督管理

"创新英国"隶属于英国商业、能源和工业战略部,该部职能包括制定全面工业战略,推动政府与企业的沟通,确保英国处于全球科学研究和创新前沿,使英国有可靠的清洁能源供应,有能力应对气候变化等。

3. 对弹射中心进行资金支持

"创新英国"每年向每个弹射中心提供500万—1000万英镑,投资周期5—10年。

4. 关注弹射中心基础能力建设和技术研发

政府对弹射中心资助资金的60%投入基础设施和设备购置,40%投入人员和项目启动经费。这个比例的变动取决于弹射中心建设过程中是否存在设备重复购置现象。

（七）创新资金投入方式

英国弹射中心的投资模式多是商业模式,具有以下特征:

1. 注重投入资金的结构性平衡

弹射中心通过3—5年的投资,实现中心的自我商业化发展。弹射中心的投资结构是:1/3来自以TSB为代表的政府机构,用于基础设施、专业知识和技能开发以及针对行业关键技术开展应用研发项目的投资;1/3来自通过竞争获得的由公共和私营部门共同资助的应用研发合作项目;1/3来自通过竞争获得的由企业资助的研发合同。

2. 合理的政府性投资模式

政府投资的条件是各中心需要制订商业计划、吸引私人投资计划,并在3~5年后实现中心的商业化运行。TSB对于从事新兴技术领域或商业化前期技术研究的中心,一般都是按照上述模式进行的。投资的周期与特性决定政府是否会支持弹射中心的长期商业投资需求。为此,TSB一般只保证对弹射中心3年的投资,以后的投资可以根据情况延长或终止。因此,3年以后是弹射中心发展的关键时期,是加速发展的时期,也是形成品牌的时期。

（八）知识产权分配方式

英国下议院科技委员会在其调查报告中表示,知识产权管理对于公司、学术界和企业之间进行有效合作至关重要,要求英国创新署制定弹射中心处理知识产权的指导文件,并将其列为拨款资助协议的一部分。文件要求每个中心同意英国创新署制定的知识产权政策,并遵循其知识产权制定方法和运作过程。

具体而言,知识产权所有权将根据资金来源而采取不同安排,主要有三种情况:若创新相关成果得到政府公共投资的核心资金资助,那么弹射中心拥有知识产权,并可将其授权给企业用户;若创新相关成果是根据与公司签订的研发合同进行研发,公司将获得知识产权开发权,但知识产权保护不得阻止弹射中心将来使用知识产权的研究基础;若是创新相关成果由弹射中心和企业共同资助的合作研发项目取得,分享、利用知识产权须经所有合作伙伴同意,并就知识产权商业化方式进行协商。英国创新署不允许弹射中心运用政府公共投资的核心资金进行合作研发项目投资。

四、积极成效与未来发展

(一)积极成效

弹射中心项目支持的是英国创新最薄弱的部分,在补齐英国创新体系短板中发挥了应有的作用。

1. 搭建创新平台

对于基础设施投入,小企业负担不起成本,且没有能力进行投入,大企业考虑到投入风险也都不愿意投入。通过弹射中心为产业(包括大企业和中小企业)提供创新基础设施,可以有效解决创新基础设施天然的孤岛效应以及高成本问题。

2. 吸引跨国投资

跨国公司在分配其研发资源方面的政策是不断变化的,它们一般会倾向于投入位于创新环境好的国家和地区的企业。政府强有力的支持和高水平的投资是吸引跨国公司进行研发投入和设立研发中心的重要因素。弹射中心成立以来,在吸引跨国公司以及海外研发投入方面发挥了重要作用。可以说,没有弹射中心,很多目前与其合作的跨国公司都不会在英国进行投资,甚至很多英国公司会将其研发投入转移到其他国家或地区。

3. 促进技术商业化

在全球竞争的大背景下,快速而有效的商业化将使企业成为领先者而不是跟随者。弹射中心的建设基础使之更加聚焦风险大但社会效益高的领域,更加强调协同合作,不仅有效地提高了新知识的传播并带来积极的外部效应,而且也进一步提高了中小企业的参与度,进而使研究商业化的规模扩大、速度加快、范围更广。目前,有研究表明,英国企业在抓住创新投入的价值方面能力不足,主要原因是缺乏相应的投资和知识的传播以及缺少来自企业的支持和参与。然而,这些正是弹射中心及其网络所能提供的。

4. 引导私营资本研发投入

众多的研究表明,政府公共资金投入对私营资本投入具有促进作用。2011年,英国创新署委托公共和企业经济顾问(Public and Corporate Economic Consultants,简称PACEC)进行的一项研究结果显示,仅考虑项目带来的直接收益,政府公共资金每投入1英镑,能够带来6.71英镑的净增加值,弹射中心1/3的经费属于这类资助。BIS的研究表明,政府的公共研发投入对英国经济产出贡献突出,政府公共研发投入带来30%的私营资本的经济投入回报,相当于经济回报的2—3倍的社会回报。

5. 提升企业技术吸收能力

公共资金对研发的直接投入有助于提高企业长远的技术吸收能力。在企业层面的研究也表明,企业对新产品开发的支持会带来企业员工技能的提高以及企业网络运行效率的改进,进而促进整个企业能力的持续提升。弹射中心不仅有公共资金支持也有企业的投入,所以对企业技术吸收能力而言具有积极影响力。

（二）未来发展

英国弹射中心是英国政府转变创新治理方式的新尝试,旨在提升英国在特定高端创新领域的关键创新能力,将高端创新想法转化为新产品、新服务和新市场,以获得全球竞争优势。英国借助弹射中心,以未来全球市场需求为导向,统筹优势科技资源,实施全局和长远的重大创新项目,加强战略性、前瞻性创新基础研究,并与经济社会发展要求相结合,强化科技资源和设备的开放共享,在聚焦国家战略、治理结构、品牌策略、知识产权等方面,探索推进英国国家创新发展战略目标实施治理机制。根据英国建设计划部署,在今后一段时期内,弹射中心将重点加强三方面工作：

1. 扩大弹射中心网络

有关方面要创建新的弹射中心，识别众多能满足弹射中心要求的领域，包括绿色经济、气候变化适应、机器人和自治系统、机器学习、基因组学、下一代计算、物联网、复合半导体、光子学、水、智能弹性基础设施、食品安全、低碳交通、非动物实验技术和合成生物学。

2. 加强与中小企业互动

中小企业是推动经济增长和创新的重要力量，全球新兴市场往往还是新型、颠覆性商业模式的创造者。虽然中小企业的意识和参与程度相对有限，但弹射中心与中小企业的互动已有不少成功案例。

3. 开展与研究界的合作

国际性的技术与创新中心均与大学保持密切合作关系。联合实验室、共享基础设施及针对学生研究人员的产业项目等安排均促进了科学技术知识、人力资本的流动。弹射中心正在拓展一系列与研究界合作的方法，包括：战略伙伴关系，与研究机构和企业联合开展计划和项目、人员和技术开发、设备设施共享。

五、经验与启示

（一）定位全球市场和国际合作

英国弹射中心建立的首条标准是：该中心目标市场的前景具有数十亿英镑的全球市场价值，能为英国经济增长开辟全球机遇。每个弹射中心虽然集中在一个特定的区域，但其目标是在特定领域内创造知识，用卓越创新引领关键产业领域变革，开发新产品和新服务，重塑全球价值链，占据价值链高端。英国弹射中心不仅定位全球市场，同时还积极寻求国际合作，从而扩大创新资金来源渠道。如英国弹射中心与德国弗劳恩霍夫研究所以及芬兰、法国和挪威的创新网络合作，获得来自欧盟框架计划的资金；再如2015—2016年海洋可再生能源分中心已与全球18个国家进行了合作。英国弹射中心的全球化，体现在专注于已具有卓越科学基础和巨大市场前景的产业领域,实现全球价值链塑造和重构,有效占领未来全球市场;同时关注如何吸引英国以外的资金投资于英国创新领域,开拓英国创新投资渠道,以市场为导向增加创新领域投资。

(二)聚焦国家创新战略

英国弹射中心是由公共部门和私人部门共同实施国家创新战略。中心的建立获得了英国各地政治界的支持和共识,英国商界代表也敦促政府制定可比较的、长期的工业战略。各方都要求英国政府在创新型国家建设中发挥主导作用,在协调资助研究基地和行业之间的合作方面发挥支撑作用;期望在相对广泛的范围内提高英国工业竞争力,改善英国研究界与产业界之间的联系,使英国在几个已具有领先优势的国家战略优先发展领域中塑造未来核心竞争力。英国政府正在转变创新治理方式,虽然其创新治理仍然秉承市场主导的原则,但新治理方式将市场主导与战略性和积极性政府干预相结合,以全球市场发展前景分析和英国已有的卓越科学研究为基础,整合公共部门和私人部门资源,建立新型治理机制,使每个中心成为实现国家创新优先发展战略的重要推手。

(三)加快创新体系顶层设计

现有机构设置条件下,我国在国家层面可考虑指定国家科技体制改革和创新体系建设领导小组办公室或国家科技基础条件平台中心为负责机构,负责日常事务;成立由国家发展和改革委员会、科学技术部、工业和信息化部等相关部门参加的领导小组或指导委员会,负责领导协调。在深度整合、集成现有各类技术创新类国家科研基地(平台)基础上布局建设国家技术创新中心、国家技术创新中心与原有技术创新类国家级机构、国家制造业创新中心建设的统筹规划。英国弹射中心侧重新兴技术领域,尤其是英国在世界领先的技术领域,共涉及11大类方向,包括高端制造、细胞疗法、近海可再生能源、数字经济等,这为英国在新兴技术领域继续保持领先地位奠定了基础。借鉴英的经验,我国要加快建设完善国家制造业创新体系的总体架构、运行机制和监管模式,在新一代信息技术、高端装备、新材料、生物工程等重点领域,逐步梳理确定一批国家制造业创新中心,提升我国制造业创新能力和竞争力。

(四)设计非营利创新治理结构

英国弹射中心是独立注册的有限责任公司,采用法人治理结构。英国弹射中心组织模式和治理结构与英国以企业为主导的创新管理体制密切相关。英国弹射中心强调透明治理方式,强调每个中心管理团队参与的重要性,强调具有明确职权的独立监督委员会在治理中的关键地位。明确在技术战略委员会内,在执行管理层和理事会各级建立一个强有力的领导小组,以及在各中心和技术战略委员会之间建立强大的物理和虚拟网络实现协作。创新人才是英国弹射中心治理的核心,弹射中心通过中心治理将关键产业领域内的企业家、世界领先科学家、研究人员和工程师汇集在一起,并运用创造力、反思、有效、积极、动力原则建立公司和贡献者信任的衡量标准和绩效措施,明确不同技术在不同时间产生的作用和影响具有差异性。

(五)推动创新中心商业化运营

创新中心的发展应该是可持续性的。政府确定监管机制和发展目标后,创新中心应根据实际情况制定相应的发展策略。我国可以借鉴英国弹射中心的做法和经验,由政府提供部分科研项目的启动资金,用于基础设施、专业知识和技能开发等方面。企业和科研机构按照一定比例提供配套资金,共同开发促进产业发展的关键共性技术。同时做好知识产权保护,创新中心根据不同资助类型管理知识产权,待技术成熟之后通过会员费、服务费、知识产权转让等渠道,实现创新中心自负盈亏、完全商业化运营。

(六)注重多元化创新资本来源

英国弹射中心仿照德国弗劳恩霍夫研究所的资金安排形式,即政府直接拨款、政府和国际组织的项目合同经费以及企业的服务合同经费各占1/3,秉承政府公共资金为引导、社会资金为主导的创新投入体制。英国弹射中心资金管理以企业资金运营为基础,设立首席财务官来核算创新成本。在考虑产业需求和独特性的基础上,保证资金来源多元化,注重长期投资(如至少5年),激励中心网络链接已有研究基础,从而实现创新投入重复的最小化。这一经费模式不仅能保证有基本经费用于日常开支,同时更加注重激励中心以市场为导向组织不同来源的创新资金(尤其是争取国外投资机构对该中心的资金支持),以多元化创新资本来源保证中心创新资金的稳定,并避免政府财政能力和创新投入变化对关键核心产业竞争力造成影响。

第十三章
韩国创造经济革新中心

2015年，李克强总理在参观韩国京畿道的"创造经济革新中心"时曾指出，中国的"双创"和韩国的"创造经济革新中心"具有不谋而合、异曲同工的理念，可以进行经验上的交流交融、互学互鉴。创造经济革新中心是韩国朴槿惠政府秉承"创造经济"发展理念，推行《经济革新三年规划》，对当时科技和经济模式进行了大胆改革的创新之举。韩国政府先后在17个省级行政区域设立了创造经济革新中心，旨在拉动经济增长、增加就业岗位，力图实现第二次"汉江奇迹"。

一、建设背景

（一）国家竞争力持续下滑

瑞士国际管理发展学院（IMD）发布的国家竞争力排名显示，自2011年起，韩国整体排名一直裹足不前，在2016年排名下降至第29名（图13-1），是自2008年（第31位）金融危机以后的最低排名。韩国不仅排在中国（第25位）之后，还排在马来西亚（第19位）和泰国（第28位）之后。在IMD调查所涉及的经济效益、政府效率、企业效率和基础设施等四大领域中，除政府效率以外，其他所有排名都在后退。值得重视的是，"未创出就业岗位"这一项拉低了韩国在经济成果领域的排名，企业效率从第37位下跌到第48位。在韩国政府看来，停滞不前的劳动力市场改革和企业家精神的消失成为韩国国家竞争力降低的主要因素。

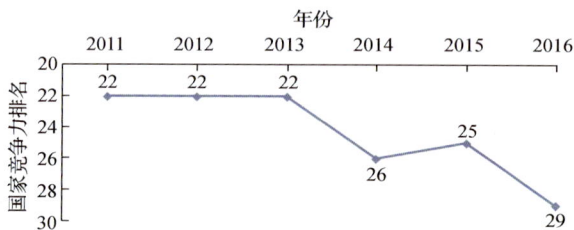

图13-1　IMD发布的国家竞争力排名（韩国）

（二）中小企业竞争力缺乏

20世纪60年代初，韩国采取"不均衡发展战略"，导致中小企业发展十分缓慢，结构失衡造成的弊端日益突出。一是韩国中小企业竞争力弱于大型企业。以

2012年为基准,韩国中小企业的劳动生产率仅为大型企业的34.7%,大大低于日本的53.2%和美国的58.3%,更低于德国的63.1%和意大利的65.2%。二是韩国中小企业劳动者的"获得感"小于大型企业。根据2015年韩国雇佣劳动部和统计厅的数据,中小企业(5—300人)中劳动者的人均月收入仅为同时期大企业(300人以上)的62.1%。三是韩国中小企业就业贡献却高于大型企业。韩国中小企业约占全国企业总数的99%,就业人数约占全国就业总数的86%,对扩大就业的贡献已经开始超过大型企业。

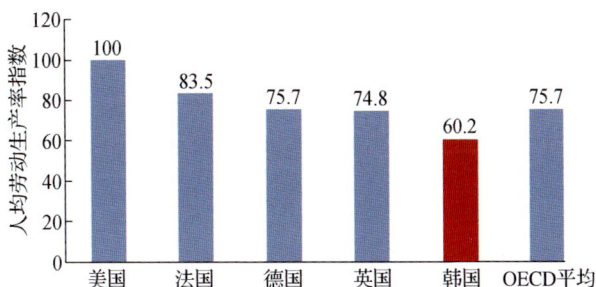

图13-2　人均劳动生产率指数(2011年,以美国为基准100)

(三)经济衰退迹象明显

韩国经济持续低迷不振,众多经济指标呈现整体下行发展态势。一是经济增长率不断下滑,从20世纪90年代超过6%的年经济增长率,下滑到21世纪初4%—5%这一区间,并在2012—2013年进一步下滑至2.6%;二是出口增长率停滞不前,从1980年起一直保持在10%左右,但自2010年以来一直在7%以下徘徊;三是劳动增长率降至冰点,2010年第四季度曾达到20.4%,但2012年第四季度跌至1.2%,并已连续11个季度低于0%;四是制造业开工率持续萎缩,2011—2015年,已从80.5%跌到了74.2%,低于2009年全球金融危机期间的74.4%。

(四)经济增长动力不足

新兴市场增速的放缓也冲击了韩国经济,企业投资和出口需求等都受到抑制,经济增长缺乏动力。一是韩国潜在经济增长率的预期下行趋势明显。根据经合组织2015年发布的《长期经济展望》报告,预计2022年韩国的经济潜在增长率可能跌至2.94%,2034年跌至1.97%,到2060年则可能跌至1.29%。二是韩国人均GDP增长速度放缓趋势明显。根据韩国开发研究院发布的报告书,韩国人均GDP于2006年首次突破2万美元,预计2023年将突破4万美元,从2万美元增至4万美元需耗时17年。三是韩国劳动适龄人口数量下降趋势明显。韩国劳动适龄人口(15—64岁)将在2016年到达顶峰(3700万人),到2030年韩国将可能出现280万的劳动力缺口。由于低生育率和老龄化,预计2005—2050年韩国年平均经济增长率将被拉低0.87%。

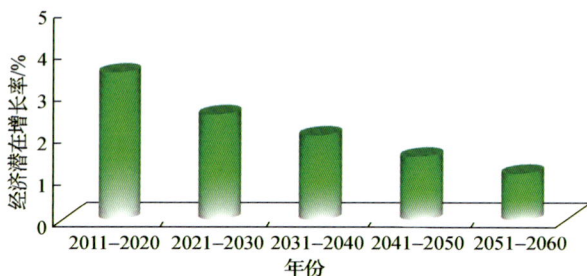

图13-3 韩国经济未来潜在增长率预测

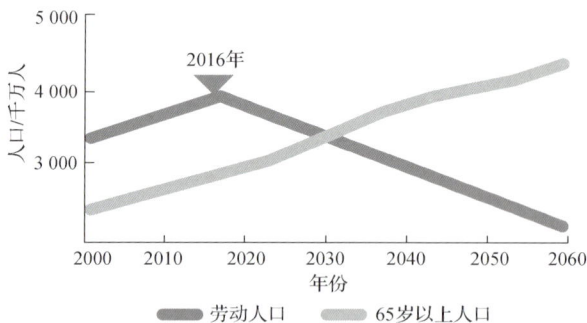

图13-4 韩国未来人口发展预测

二、运行机制

据统计,截至2016年2月,"创造经济革新中心"共培育创新企业796家,吸引投资1520亿韩元。大型企业提供技术支持593件,开拓销售渠道支持203件。其中,受支援创新企业共研发新产品4698件。此外,"创造经济革新中心"提供支持或咨询服务共9500多次,支援生产制造的新产品2600多种,孵化企业515家。作为"创造经济"战略的重要抓手,"创新经济革新中心"将中央、地方政府、大企业、风投机构和中小企业紧密联系在一起,借助政府和大型企业提供的平台,聚焦未来新兴产业,提供技术、融资、商务等服务,培育地区新经济增长引擎。

(一)谋划顶层设计

韩国政府将科技创新视为韩国前进的第一动力,强化整体部署,谋划顶层设计。一是提出"创造经济"发展理念。旨在通过发展创造产业,投资未来新兴产业,扩大韩国在海外市场的影响力,改变韩国的经济发展模式。二是改革科技管理部门。设立未来创造科学部(图13-5),秉承科学技术和"以人为本"有机结合的宗旨,为"创造经济"提供政策服务和支持。三是推行《经济革新三年规划》。实施"夯实经济基础""推进创造经济"和"均衡发展出口与内需"三大核心战略,在"三年规划"指引下,未来创造科学部已在17个省级行政区布局建设了"创造经济革新中心"。

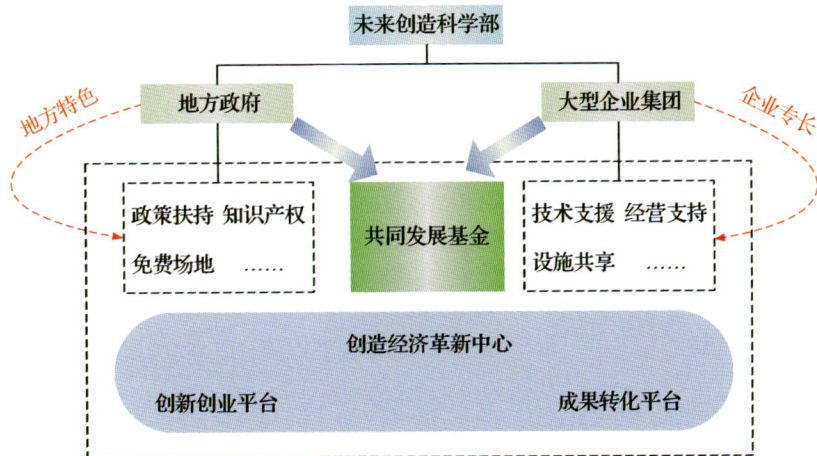

图13-5　创造经济革新中心示意图

(二)创新合作模式

"创造经济革新中心"是韩国"创造经济"的产物,合作模式新颖,地域特色显著。一是"政府+大型企业"合作助推"创造经济"发展。"创造经济革新中心"由中央政府未来创造科学部主导,采取"地方政府+大型企业"共同运营的合作模式组建,政府主导重大决策、提供政策支持、规范市场秩序,大型企业提供资金、技术和经营支持。二是因地制宜,凸显地域特色。"创造经济革新中心"依照各地特色,结合参与建设的企业专长,把"创意思维"提升发展为产业,推动不同领域创新发展,努力在地区主导的"创造经济"中打造新的增长极。

(三)完善资金支持

依托"创造经济革新中心"平台,韩国政府联合大型财团企业为创业者设立各种创业扶持资金,举倾国之力推动自主创新。一是构建风险企业创业生态系统。打造"创业—增长—回收—再投资"的风险投资创业生态系统,为创新型中小企业的快速发展提供服务和支撑。据统计,"创造经济革新中心"已设立投资基金合计6914亿韩元,其中已实施1064亿韩元。二是加大政府投资规模。2014年至2017年3年间,政府建设的"创造经济革新中心"专项财政预算达4万亿韩元,并持续增加对现有青年创业基金的投入,预计到2017年将研发投入占GDP比例提高到5%的水平。三是企业投资力度加强。LG集团将在3年内投资1.6万亿韩元,重点扶持忠清北道"创造经济革新中心"发展清洁能源、生物制药等产业。韩国SK集团与韩国中小企业出资800亿韩元,用于支持大田"创造经济革新中心"的创新型小微企业加速发展。

(四)聚焦重点领域

"创造经济革新中心"在布局建设上注重贴近地方产业特色,发挥地方产业优势,重点以信息和互联网技术催生新业态,提升产业层级(见图13-6)。首个"创造经济革新中心"在大邱广域市成立,此后,釜山广域市、庆尚南道、仁川广域市、京畿道、全罗北道、全罗南道、忠清北道、忠清南道、庆尚北道、江原道、首尔特别市等也分别建成地区"创造经济革新中心"。这些"创造经济革新中心"的共同特点,是为创新型企业提供支持和帮扶,也就是鼓励"创客"经济发展。除共性特点之外,韩国各地设立的"创造经济革新中心"也依照本地特点,结合参与建设的企业专长,推动不同领域发展创新。

重点产业:大数据、
众包旅游健康和智慧农场
支撑企业:NAVER(韩国著名搜索引擎)

重点产业:基于IT整合产业
支撑企业:韩国电信

重点产业:生物&美容产业、
环境友好型能源产业
支撑企业:韩国LG

重点产业:物流产业、航空产业
支撑企业:韩国韩进

重点产业:智慧工厂革新、
集聚型文化和农业
支撑企业:韩国三星

重点产业:文化产业
支撑企业:韩国希杰

重点产业:时尚产业、
机械与汽车零部件
支撑企业:韩国三星

重点产业:农业、清洁能源产业
支撑企业:韩和商社

重点产业:信息和通信技术为
基础的农业
支撑企业:韩国SK电信

重点产业:造船与船舶设备,
医药自动化产业
支撑企业:韩国现代重工集团

重点产业:全球风险业务
支撑企业:韩国SK电信

重点产业:创意设计、
物联网、智慧城市
支撑企业:韩国乐天

重点产业:碳相关产业、
传统文化产业
支撑企业:韩国晓星

重点产业:汽车相关初创
企业和大众创新平台
支撑企业:韩国现代汽车

重点产业:机械制造业革新
支撑企业:韩国斗山

重点产业:生物化学、新材料
支撑企业:韩华集团

重点产业: 智能旅游平台、电子汽车和再生能源
支撑企业: Daum(第二大门户网站)、
Kakao(最大手机App提供商)

江原道
仁川 京畿道 首尔
忠清南道 忠清北道 庆尚北道
世宗 大田
全罗北道 大邱
光州 庆尚南道 蔚山 釜山
全罗南道
济州特别自治道

图13-6 创新经济革新中心分布图

　　大邱"创造经济革新中心":2014年9月,韩国第1个创造经济革新中心在大邱成立,由三星集团负责建立并全面运营,在大邱地区的风险投资创业领域发挥核心作用。三星集团、大邱广域市以及改革中心签署了"关于实现创造经济的协议",与大邱地区的4家企业签署了技术合作协议,并决定此后5年同大邱广域市各出资100亿韩元成立青年风投创业支援专项基金。该中心以促进化纤、汽配、机械等当地优势产业的发展和提升为目标,同时依托三星集团的参与,提升当地软件业和信息通信产业的份额。通过三期建设,共有79家企业获得了技术、融资、市场等多方面支持,销售额从2014年的3000万韩元(约合17万元人民币),一年时间增长了

40倍,2015年达到12亿韩元。

全罗北道"创造经济革新中心":2014年11月,全罗北道创造经济革新中心正式成立,旨在把"碳材料"打造成"未来产业的食粮"。2013年,全罗北道创造经济革新中心在全州成立了碳纤维工厂晓星集团和全罗北道100亿韩元(约合人民币5500万元)规模的碳化培养基金,并在晓星工厂内建设了特化创业保育中心,以已入驻的20个企业为对象,集中开发新产品,实现产品的商业化。

庆尚北道"创造经济革新中心":2014年12月设在龟尾科技谷的庆尚北道创造经济革新中心是继大邱、大田和全罗北道后成立的第4个革新中心。三星集团参与全罗北道创造经济革新中心建设,并在全罗北道创造经济革新中心内建设面积达717平方米,集研究、展示、教育及咨询等功能于一身的设施。该设施用于支援成立风险企业,并对当地传统文化及农业的商业化项目提供帮助。

光州"创造经济革新中心":2015年1月,光州创造经济革新中心成立,该中心由光州广域市和现代汽车集团共同建设,旨在将光州打造成"汽车产业创业门户",培养使韩国成为"氢气经济领袖"的人才。

忠清北道"创造经济革新中心":2015年2月,LG集团在忠北青州市举行的"忠清北道创造经济创新中心"挂牌仪式上表示向企业公开2.7万个LG集团专利和1600多件由16个政府出资的研究机构专利数据库,范围囊括了化妆品和生物、电子、化学以及通信等多个领域。LG集团向忠清北道地区投入1.6万亿韩元,建设水处理设施、开发有机电激光显示(OLED)材料等。LG集团还建立发掘韩方化妆品原料的网络体系,以便在忠清北道地区培养"核心中小企业",并运行相当于100亿韩元的专门生物基金。此外,LG集团与忠清北道、金融委员会、中小企业厅等部门一起成立了规模达1500亿韩元的基金,以此来支援创业,还成立了协助中途辞职女性创业和韩企就业的"Active woman商业中心"。

釜山"创造经济革新中心":2015年3月,釜山创造经济革新中心成立,由韩国政府、釜山广域市和乐天集团共同建设,旨在将釜山发展成流通、电影以及物联网领域的枢纽。乐天集团把釜山创造经济革新中心发展成釜山和全国创新中心生产产品的销售中心,并让釜山海云台成为安全及旅游等7项物联网示范区。乐天集团为了支持风险企业的创业并投资影像影片领域,与釜山市、釜山银行以及中小企业银行联合筹集了相当于2300亿韩元的基金。

京畿道"创造经济革新中心":2015年3月,韩国京畿道和未来创造科学部、文化体育观光部、KT公司在板桥公共支援中心国际会场举行了"京畿创造经济革新中心"成立仪式。这是在韩国成立的第8个创造经济革新中心,以发展软件产业为主,旨在推动未来产业的发展。板桥位于首尔的南部,是信息通信技术(ICT)企业的集中地。据统计,韩国48%的IT企业位于京畿道地区,其中包括数控软件、韩软公司和安博士等信息通信技术企业和研究所,板桥也是游戏企业的集中地,入驻游戏企业的销售额占韩国游戏产业总销售额的85%。该中心坐落在被称为"韩国硅谷"的盆唐区板桥"科技谷产业园区",主要设施分布在一层大厅和五层。一层主要用于进行各类展示和体验活动,设有中心舞台、大屏幕,配备了影音视频播放设备;五层则为入驻企业提供了网络通信、办公场地、办公设备、展示空间、会议场所甚至休息场所等。按照韩国"创造经济革新中心"的建设规则,每一家此类机构都由中央和地方两级政府与至少一家韩国大型企业合作设立,政府出政策、企业出资金和技术,共同扶持创新和初创企业。"京畿创造经济革新中心"由韩国电信巨头KT公司出资建设,中心的"一把手"等主要负责人均来自KT集团。由此,游戏、物联网、下一代移动通信,以及时下流行的"金融科技"都成为"京畿创造经济革新中心"的特色。

庆尚南道"创造经济革新中心":2015年4月,庆尚南道"创造经济革新中心"成立,该中心由斗山集团与庆尚南道共同设立。斗山集团表示,把昌原打造成机械、电子产业融合中心,培育海水淡化等水资源替代产业,推动庆尚南道成为韩国机械、电子产业融合的摇篮。为此,斗山集团与庆尚南道共同成立了规模达1 200亿韩元的基金,并通过500亿韩元的低息贷款扶持相关智能机械产业发展及退休或中年人创业。

忠清南道"创造经济革新中心":2015年5月,韩和商社与韩国忠清南道在位于韩国国土中心部的忠清南道天安市,举行了"忠清南道创造经济创新中心"的揭牌仪式。该中心坐落于忠清南道科技园内,面积达858平方米,配备图书馆、设计室等基础设施,为太阳能产业领域的创业、创造农副产品的高附加值品牌等项目提供信息,为新产品设计制作等方面提供支持,并为优秀的创业项目和风险企业提供免费办公空间。此外,创新中心还在韩国高铁(KTX)天安牙山站开设运营面积达495平方米的商务中心,主要包括:为创业者和中小企业开拓海外市场提供支持的贸易区、全球风险企业孵化项目DREAMPLUS计划。该中心在太阳能产业集群建设、支持中小企业打入海外市场以及提高地区农副产品附加值方面发力,打造"创造经济的大动脉"。韩华集团和忠清南道创造经济革新中心共投入1525亿韩元的资金,用于扶持具有发展前景的创业项目和中小企业,并支持风险企业和中小企业打入海外市场。除了借助韩国太阳能电池制造商韩华集团的帮助,打造本地区太阳能产业集群、扶持包括3D打印技术在内的新兴高科技企业之外,另一大核心业务是"通过农副产品品牌化战略实现高附加价值"。通过对产品进行二次加工,并引入信息技术以拓宽物流和销售渠道,打造高附加价值产业链,提高当地农业和渔业从业者的家庭收入。以此来实现"创造经济革新中心"的多功能化,避免"空心化"现象。

济州"创造经济革新中心":2015年6月26日,韩国第13家"创造经济革新中心"落户济州市。该中心由韩国中央政府、济州特别自治道政府以及化妆品企业爱茉莉太平洋、互联网公司Daum和Kakao合作建设,将分别在济州特别自治道的济州市和西归浦市两大城市设立"创造经济革新中心"。根据规划,该中心以"智能观光"和"能源自主"为发展方向,主打旅游、文化、互联网和新能源产业牌。据了解,韩国政府与两家大型企业投资约1600亿韩元,推动相关领域发展并培育创新型企业。济州特别自治道计划在2030年实现岛内零碳排放。其中包括在岛内完全使用电动车辆。此外,参照美国西海岸洛杉矶附近的"硅谷海滩"模式,济州特别自治道通过"创造经济革新中心"的建设,将济州打造成工作、生活和文化一体化的地区。同时,济州计划建立本地资源和生物物种数据库,并将借鉴欧洲酒堡模式,推动济州本地绿茶种植业与旅游业的结合。

三、主要特点

（一）强化政府引导作用

韩国作为一个工业化国家,走出了一条具有韩国特色的市场经济发展道路。目前,主要的市场经济模式有欧美的企业自主型、我国香港特区政府的积极不干预型和日本的政府指导型。韩国并未一味照搬其他国家和地区的模式,而是根据韩国的实际情况,实行了政府积极干预的发展模式。韩国非常重视政府在经济发展中的引领作用。通过制定和实施长期战略、短期计划以及配套的政策和法规,韩国为创造经济的发展提供了良好的政策和市场环境、优秀的人才队伍,促使经济发展模式由要素积累向促进创新和知识资本积累转变。

（二）强化科技核心作用

2013年,韩国对原科技和产业管理政府部门进行了改组,组建了未来创造科学部,负责从基础到应用再到开发等全链条的科技业务,并匹配了大量的资金。韩国未来创造科学部的宗旨是集约科技资源,发挥科教创新想象力,为建设先导型创造经济社会提供有力支撑,其目的是促进韩国经济发展,创造更好的就业岗位。

（三）重视中小企业发展

中小企业在韩国经济的发展中扮演了重要角色。统计数据显示,至2010年,韩国已经拥有300万家中小企业,贡献了超过50%的国内生产总值和约60%的国家和地方的财税收入。韩国采取了为中小企业营造公平竞争的环境、缓解中小企业融资困难、改善中小企业税收政策等措施,还专门针对中小企业的发展在全国设立了创造经济革新中心,旨在利用大企业的资金、技术、市场优势扶持中小企业的发展,最大限度地激发其创新活力。韩国中小企业厅统计,2012年韩国新创公司增加7.4万家,比上一年增长14%,创下2000年以来新高。

（四）重视创新人才培养

韩国非常重视人才在发展创造经济领域的作用，通过海外引进人才和国内培养为人才发展提供良好的环境。在海外引进人才方面，韩国通过提供奖学金、合作研究机会、国际一流标准的定居条件，放宽签证颁发条件等，计划将海外优秀人才规模从 2012 年的 24855 人增加至 2017 年的 36650 人，具体包括：研究教育型人才 7500 人、企业活动型人才 27500 人、未来潜力型人才 1650 人。在国内培养方面，韩国以学生为中心进行弹性培养，以社会需求为导向设置课程，以能力培养为重点实施教学，培养了大量的复合型人才。

四、启示

为实现经济大飞跃，韩国正从以知识、信息为特点的"知识经济"迈向以创新、创造为特色的"创造经济"，建设"创造经济革新中心"，着力打造新的经济增长极。韩国创造经济发展经验对正处在向创新驱动转变关键时期的我国而言，具有重要的借鉴意义。

（一）充分发挥大企业创新创业核心作用

韩国的崛起和腾飞离不开大企业。在 20 世纪创造的举世瞩目的"汉江奇迹"和朴槿惠政府欲借助"创造经济革新中心"打造的第二个"汉江奇迹"中，韩国企业尤其是大企业均充当了主力军的作用。借鉴韩国经验，建议我国充分发挥大企业在创新中居于主体地位的作用，扶持大企业创新发展。一是鼓励行业龙头企业建设创业平台，支持企业内外部创业者创业，提供低价便利的创新创业基础设施；二是鼓励大企业通过战略投资并购科技型小微企业、参股创新创业企业等方式布局新兴产业，实现转型升级。

（二）坚定不移地加大 R&D 经费投入

借鉴韩国经验，建议我国在持续增加研发投入的同时，引导企业和科研机构增加研发投入，提升企业自主研发能力。一是优化研究开发经费投入结构，逐步形成以企业投入为基础,以高等院校、科研院所投入为支撑,以政府投入为导向的"金字塔"格局;二是鼓励企业把更多的资金投向成果转化,通过技术溢出促进产业转型升级,使企业真正成为技术创新需求主体、研发投入主体、技术创新活动主体;三是引导高等院校、科研院所主动对接企业的技术需求,与企业共同建立研究院、重点实验室和工程技术研究中心,把更多资金投向前沿先导技术和关键共性技术研发活动。

(三) 强化人才创新发展的驱动力作用

韩国长期致力于研发人员的培养和顶尖人才的引进,科技人员的投入早已达到了经济发达国家的水平,预计未来以"创造经济革新中心"为突破口的"创造经济"还将引进300名世界顶尖级科学家,培养5000名高级创业领军人物。当前,我国迫切需要一大批处于国际前沿、能够发挥引领作用的"高精尖"人才作为支撑。借鉴韩国经验,建议立足重点领域,加大研发人员的培养和顶尖人才的引进。一是加大高层次人才引进培养力度。坚持不求所有、但求所用,实施更积极、更开放、更有效、更精准的人才引进政策。二是加强创新型人才培养。支持高校参与世界一流大学和高水平大学建设,加快建成若干个国际一流水平的标志性学科,集聚一批在国际上有重要影响力的杰出人才。三是加大科技创新人才培养支持力度。建立首席科学家、首席研究员、首席工程师制度,支持领军人才自主选择研究方向、组建科研团队,开展重大原创性研究和应用研究。

(四) 推进与"创造经济革新中心"的合作

李克强总理强调,要将"创客空间"和"创造经济革新中心"打造为中韩创业创新对接平台。目前,韩国"创造经济革新中心"已经与我国威海等地开展了合作,并建立了分中心。我国可以支持各类众创空间与创造经济革新中心在文化创意、信息技术、新能源等领域开展广泛合作,并支持"创造经济革新中心"到我国韩企集中的地区设立分中心,引导在苏投资的韩国企业进一步向先进制造业、战略性新兴产业和现代服务业等领域拓展,向研发、设计等高附加值环节延伸。

参考文献

［1］胡红亮,封颖,徐峰.巴西科技创新的政策重点与管理趋势述评[J].全球科技经济瞭望,2014(12):24-31.

［2］赵竹青,马丽.2015年世界科技发展回顾[EB/OL].(2016-01-04)[2018-10-09].http://scitech.people.com.cn/n1/2016/0104/c1007-28007742.html.

［3］郑宽,肖鑫利,闫晓卿.巴西能源战略——"生态"之光[N].中国能源报,2019-02-11(4).

［4］余琦.巴西Ourofino与Finep合作投资新农药开发及除草剂生产工厂[EB/OL].(2017-05-09)[2018-10-09].http://cn.agropages.com/News/NewsDetail-1444.htm.

［5］王晗.巴西游戏行业年收入全球13高或达13亿美元[EB/OL].(2017-12-25)[2018-10-10].https://www.br-cn com/news/brnews/20171225/99766.html.

［6］中华人民共和国驻巴西联邦共和国大使馆.巴国家经济社会发展银行(BNDES)调整信贷政策[EB/OL].(2017-01-06)[2018-10-10].https://br.china-embassy.org/chn/a-123/t1442145.htm.

［7］李兵.辽宁制造业自主创新的问题研究[D].沈阳:东北大学,2008.

［8］芬兰:多管齐下实施国家创新驱动战略[J].广东科技,2017,26(2):57-58.

［9］李春景,杜祖基.芬兰科技政策演进与科技竞争力发展研究[J].科学学与科学技术管理,2006,27(12):37-41,70.

[10] 看"千湖之国"芬兰的治水科技[J]. 杭州(周刊),2014(6):25-26.

[11] 祁欣. 中芬经贸投资合作前景探析[J]. 国际经济合作,2012(6):54-58.

[12] 列春. 芬兰:完善国家创新体系 开辟可持续发展之路[J]. 工程机械, 2010,41(3):91-92.

[13] 刘春荣. 创新固然是一种文化,但决策层的制度设计尤为重要[N]. 文汇报,2015-06-12(7).

[14] 张洁. 营造崇尚自主创新、保护创新成果人文环境的国际比较研究[J]. 石油教育,2011(4):63-67.

[15] 郭戎,薛薇. 国内外科技计划支持方式创新:从"分配"走向"协调"[J]. 中国软科学,2012(11):68-76.

[16] 凌媛媛. 国外促进高新技术产业发展的主要做法和经验总结[J]. 管理观察,2015(15):24-26,29.

[17] 黄海. 芬兰高科技发展战略[J]. 全球科技经济瞭望,2001,16(1):18-19.

[18] 张济波. 浙江省高新技术企业自主创新能力研究[D]. 杭州:浙江工业大学,2007.

[19] 李维. 北欧小国凭何抢占节能制高点?——记芬兰清洁技术之旅[J]. 绿色中国,2015(4):58-61.

[20] 李伯牙,刘玉海,叶建国,等. 解码芬兰国家创新体系:哪怕没有了诺基亚,还可以产生一只愤怒的小鸟[N]. 21世纪经济报道,2012-04-16(17).

[21] 胡海鹏,袁永,邱丹逸,等. 以色列主要科技创新政策及对广东的启示建议[J]. 科技管理研究,2018,38(9):32-37.

[22] 张明龙,张琼妮. 以色列高效创新运行机制揭密[J]. 科技管理研究, 2010,30(23):22-25,42.

[23] 杨波. 以色列科技创新发展的经验与启示[J]. 上海经济,2015(2):49-53.

[24] 张倩红. 以色列科技兴国的长远战略[J]. 世界科学,1999(4):38-40.

[25] 戴晓波. 以色列科技创新发展对上海的借鉴[J]. 上海城市发展,2017(3):

5-9.

[26]刘辉.以色列的国家技术创新体系[J].全球科技经济瞭望,1999,14(9):54-55.

[27]谢淳子,李平.创新民主化:特拉维夫的创新型城市建设[J].特区实践与理论,2015(5):61-66.

[28]盛立强.首席科学家办公室在以色列农业科技管理体系中的地位与作用研究[J].世界农业,2013(4):115-118.

[29]柳莉.以色列"创新经济"及其对我国的启示[J].学理论,2014(31):99-101.

[30]刘兴宇.以色列作为创新型国家发展道路及经验[J].全球科技经济瞭望,2006(4):43-49.

[31]刘香吉,戴伟娟.企业孵化器模式研究[J].上海商学院学报,2014,15(5):20-25.

[32]诚然,季宇.超越市场失灵:创新英国与使命导向型创新组织[J].中国科技论坛,2016(4):134-139.

[33]方勇,杨京宁.目标导向视角下创新英国的运行与管理研究[J].科研管理,2017(S1):20-26.

[34]方勇,杨京宁,吴卫红,等.国家创新组织运行的协同效应研究:基于创新英国的改革与实践[J].科技管理研究,2017(21):15-21.

[35]刘昆.美国国防高级研究计划局[J].世界研究与开发报导,1989(2):71-73.

[36]田华,田中.美国国防高级研究计划局如何跨越"死亡之谷"?[J].科学学研究,2012,30(11):1627-1633.

[37]贾珍珍.美国生物科技的发展动向、创新管理与军事潜能:以美国国防高级研究计划局(DARPA)为例[J].湘潭大学学报(哲学社会科学版),2016,40(4):60-63.

[38]王璐,王友利,郑义.美国国防高级研究计划局新兴技术发展分析[J].

国际太空,2017(12):42-48.

[39] 杜晓坤,蔡志海,刘宏祥.美国DARPA机构管理运行模式对中国军事科技创新体制建设的借鉴思考[J].科技与创新,2018(7):40-42.

[40] 吴利学,魏后凯,刘长会.中国产业集群发展现状及特征[J].经济研究参考,2009(15):2-15.

[41] 吴建南,郑烨,徐萌萌.创新驱动经济发展:美国四个城市的多案例研究[J].科学学与科学技术管理,2015,36(9):21-30.

[42] 包丽红,封思贤.第三方支付监管机制的国际比较及启示[J].上海经济研究,2015(11):47-54.

[43] 郑有贵,龙熹.农村合作经济组织研究[J].古今农业,2003(1):6-16.

[44] 万年青.农业科研单位资产保值增值考核指标体系浅议[J].农业科技管理,2009,28(6):52-53.

[45] 徐磊.中国农业科技创新资金投入问题与对策研究[D].扬州:扬州大学,2005.

[46] 秦夏明,夏一鸣,李汉铃.区域创新体系建设顶层设计模型[J].当代财经,2004(12):78-80.

[47] 贾伟,刘润生.美国制造业创新网络的初步设计方案[J].科学中国人,2013(8):24-26.

[48] 墨宏山.美国构建先进制造创新网络谋求引领制造业变革[J].全球科技经济瞭望,2014,29(2):4-7.

[49] 张恒梅.当前中国先进制造业提升技术创新能力的路径研究:基于美国制造业创新网络计划的影响与启示[J].科学管理研究,2015(1):52-55.

[50] 丁明磊,陈宝明.美国国家制造业创新网络战略规划分析与启示[J].全球科技经济瞭望,2016,31(4):1-5.

[51] 刘润生.英国的"弹射中心"建设[N].学习时报,2015-04-13(7).

[52] 梁偲,王雪莹,常静.欧盟"地平线2020"规划制定的借鉴和启示[J].科技管理研究,2016,36(3):36-40.

[53]杨雅南.高端创新:来自英国弹射创新中心的实践与启示[J].全球科技经济瞭望,2017,32(6):25-37,51.

[54]任海峰.借鉴英国"弹射中心",推进我国制造业创新体系建设[J].产业创新研究,2017(2):41-45.

[55]赵正国.我国如何建设国家技术创新中心[J].科学学研究,2018,36(7):1180-1187.

[56]陈俐,冯楚健,陈荣,等.英国促进科技成果转移转化的经验借鉴:以国家技术创新中心和高校产学研创新体系为例[J].科技进步与对策,2016,33(15):9-14.

[57]胡峰,曹鹏飞.基于自由基聚合理论的英国科技创新智库建设机理分析:以英国弹射中心为例[J].情报杂志,2018,37(12):86-92.

[58]王海燕,张寒.英国国家创新体系新动向[J].中国国情国力,2014(8):71-73.

[59]广东:住房城乡建设部利用遥感监测辅助城乡规划督察工作座谈会召开[J].中国建设信息化,2015,(23):2.

[60]康争光,李子萤,王利军.韩国创造经济革新中心对江苏的启示[J].全球科技经济瞭望,2016,31(11):42-47.

[61]鲁永宁.韩国:让大小企业"共生协作"[J].江苏企业管理,2007(5):45-46.

[62]吴晓.入世后我国中小商业银行地域及业务拓展研究[D].上海:同济大学,2007.

[63]周菲.韩国政府与中小企业关系的价值研究[J].湖南社会科学,2007(6):141-144.

[64]林发彬.基于贸易增加值的外贸依存度与经济增长的风险:以韩国为例[J].亚太经济,2014(5):79-83.

[65]梁慧刚,黄可.韩国创造经济浅析[J].新材料产业,2015(6):16-19.

[66]刘小玲.从韩国创造型经济谈上海科技创新中心建设[J].华东科技,

2014(10):64-66.

[67] 滕洪胜. 韩国"未来创造科学部"将成创造经济核心动力[J]. 全球科技经济瞭望,2013,28(6):10-11,51.

[68] 韩国拟大力吸引海外人才将放宽签证发放条件[J]. 国际人才交流,2014(2):11.

[69] 张桂香,邱宁熙. 江苏和韩国科技创新的比较与借鉴[J]. 统计科学与实践,2013(3):32-34.

[70] 徐宇辰. 推动中国制造迈向中高端[J]. 智慧中国,2018(5):54-59.

[71] 曾明彬,李玲娟. "十三五"时期创新型人才培养和引进分析及对策研究[J]. 创新人才教育,2016(4):83-88.

[72] Glennie A. and Bound K. How innovation agencies work: international lessons to inspire and inform national strategies[R]. London: NESTA, 2016, 42-46.

[73] FFG. Structure change demands active innovation[EB/OL]. [2019-03-06].https://www.ffg.at/en.

[74] Mews. Investing in Innovation in turhulent times[EB/OL]. [2018-04-07].https://www.vinnova.se/en/.

[75] Mews. Innovate UK funding competition winners 2019[EB/OL]. [2019-01-31].https://www.gov.uk/government/organisations/innovate-uk.